水利工程建设与水土保持管理研究

孙文鹏　解优品　赵慧娟　著

延吉·延边大学出版社

图书在版编目（CIP）数据

水利工程建设与水土保持管理研究 / 孙文鹏，解优品，赵慧娟著. -- 延吉：延边大学出版社，2024.9.
ISBN 978-7-230-07195-6

Ⅰ.TV；S157

中国国家版本馆 CIP 数据核字第 2024F8A879 号

水利工程建设与水土保持管理研究

著　　者：孙文鹏　解优品　赵慧娟
责任编辑：王宝峰
封面设计：文合文化
出版发行：延边大学出版社
地　　址：吉林省延吉市公园路977号　　　邮　编：133002
网　　址：http://www.ydcbs.com　　　E-mail：ydcbs@ydcbs.com
电　　话：0433-2732435　　　传　真：0433-2732434
印　　刷：长春市华远印务有限公司
开　　本：787毫米×1092毫米　1/16
印　　张：16
字　　数：280千字
版　　次：2024年9月第1版
印　　次：2025年1月第1次印刷
书　　号：ISBN 978-7-230-07195-6

定　　价：68.00元

前　言

随着我国社会经济的不断发展，水利工程建设与水土保持管理工作得到进一步加强。但是，当前我国水利工程建设与水土保持管理工作还存在一些问题。因此，无论是在管理体制方面还是在具体的相关管理工作中，水利工程建设人员与水土保持管理人员要确保水利工程建设与水土保持的各个环节都能够做到科学、严谨，可以顺利地完成整个建设过程，水利工程与水土保持设施的效益能够最大程度地发挥，为我国的经济发展与环境保护作出应有的贡献。

本书共有七章。第一章是水利工程基本知识，主要就水利工程与水工建筑、水资源与水利事业、水利工程的建设与发展进行详细的阐述和分析；第二章是水利工程施工组织，分别水利工程施工组织总设计、单位施工组织总设计等两个方面介绍水利工程施工的组织情况；第三章是水利工程管理，本章主要对水利工程管理的相关知识、水利工程管理相关要求，以及堤防、土坝和土石坝监测等方面进行论述；第四章是水利工程水土保持设计，本章主要就水土保持相关知识、水土保持设计的理念和原则和水土保持设计实施措施进行详细的阐述和分析；第五章是水利建设水土保持工程施工管理程序，本章分别阐述了施工前的管理程序、施工期水土保持管理程序；第六章是水土保持工程管理，本章详细论述水土保持工程质量管理，以及水土保持工程投资控制、水土保持工程进度管理、水土保持工程监理信息管理；第七章是水土保持工程验收管理，本章主要论述水土保持设施验收程序、土保持设施验收程序、竣工环境保护验收程序等内容。

本书由孙文鹏、解优品、赵慧娟撰写，薛成谦、张润超对整理本书书稿亦有贡献。

本书在撰写过程中，参考、借鉴了大量著作与学者的研究成果，在此一一表示感谢。由于笔者水平有限，加之行文仓促，书中难免存在疏漏与不足，恳请广大读者批评指正。

作者

2024 年 1 月

目 录

第一章 水利工程基本知识

第一节 水利工程与水工建筑

一、水利工程和水工建筑物的分类

（一）水利工程的分类

水利工程一般按照它所承担的任务进行分类。例如，防洪治河工程、农田水利工程、水力发电工程、供水工程、排水工程、水运工程、渔业工程等。一个工程如果具有多种任务，则称为综合利用工程。水利工程中最典型的综合利用工程是水利枢纽。

水利枢纽常按其主要作用分为蓄水枢纽、发电枢纽、引水枢纽等。

蓄水枢纽是一种水利工程设施，其主要功能是蓄积水源，形成一个水库，以平衡旱季和雨季的水源，或在水灾期间进行防洪。蓄水枢纽通常由拦河坝、泄洪闸、溢洪道、引水渠和发电站等组成。其中，拦河坝是蓄水枢纽的主体，其用于拦截河流以抬高水位，形成水库；泄洪闸和溢洪道用于在洪水期间排泄多余的水量，以保证水库的安全；引水渠将水库中的水引导到需要的地方，如农田灌溉或城市供水；发电站是利用水库中的水流进行水力发电。

发电枢纽，也称为水力发电枢纽，其是以水力发电为主要功能的水利工程设施。它同样由多种类型的水工建筑物构成，包括拦河坝、引水系统、水轮发电机组、变电站等。发电枢纽通过拦截河流形成水库，利用水库中的水流驱动水轮发电机组发电，再通过变电站将电能输送到电网中供用户使用。除水力发电外，发电枢纽往往还具有综合效益，如防洪、灌溉、供水等。

引水枢纽是水利工程中用于将水流从一处引导到另一处的建筑物群。在农田水利、水力发电、工业用水及城市供水等水利事业中，常需要修建从河道、水库引水的建筑物，将水引入渠道等以供使用，这些建筑物群就被称为引水枢纽。引水枢纽根据引水方式的不同可分为无坝引水枢纽和有坝引水枢纽。无坝引水枢纽适用于河流的水量和水位满足取水要求，无须建坝抬高水位的情况；而有坝引水枢纽需要在河道上修建拦河坝等建筑物，以抬高水位，满足引水要求。

（二）水工建筑物的分类

水工建筑物按其作用可分为以下几种：

（1）挡水建筑物：用以拦截江河水流，抬高上游水位以形成水库，如各种坝、闸等。

（2）泄水建筑物：用于洪水期河道入库洪量超过水库调蓄能力时，宣泄多余的洪水，以保证大坝及有关建筑物的安全，如溢洪道、泄洪洞、泄水孔等。

（3）输水建筑物：用以满足发电、供水和灌溉的需求，从上游向下游输送水量，如输水渠道、引水管道、水工隧洞、渡槽、倒虹吸管等。

（4）取水建筑物：一般布置在输水系统的首部，用以控制水位、引入水量或人为提高水头，如进水闸、扬水泵站等。

（5）河道整治建筑物：用以改善河道的水流条件，防止河道冲刷变形及整治险工，如顺坝、导流堤、丁坝、潜坝、护岸等。

（6）专门建筑物：为水力发电、过坝、量水而专门修建的建筑物，如调压室、电站厂房、船闸、升船机、筏道、鱼道、各种量水堰等。

需要指出的是，有些建筑物的作用并非单一的，在不同的情况下，有不同的功能，如拦河闸既可挡水又可泄水；泄洪洞既可泄洪又可引水。

二、水工建筑物的特点

（一）工作条件复杂

水工建筑物在水中工作，由于受水的作用，其工作条件较复杂，主要表现在水工建筑物受到静水压力、风浪压力、冰压力等推力作用，对建筑物的稳定性产生不利影响；在水位差作用下，水通过建筑物及地基向下游渗透，产生渗透压力和浮托力，可能产生渗透破坏而导致工程损坏。另外，下泄水流集中且流速高，对建筑物和下游河床产生冲刷，高速水流还容易使建筑物产生振动和空蚀。

（二）施工条件艰巨

水工建筑物的施工比其他土木工程困难且复杂得多，其主要表现在：第一，水工建筑物多在深山峡谷的河流中建设，必须进行施工导流；第二，由于水利工程规模较大，施工技术复杂，工期比较长，且受截流、度汛的影响，工程进度紧迫，施工强度高、速度快；第三，施工受气候、水文地质、工程地质等方面的影响较大，如冬雨季施工、地下水排出，以及复杂的地质困难多等。

（三）建筑物独特

水工建筑物的型式、构造及尺寸与当地的地形、地质、水文等条件密切相关，特别是地质条件的差异对建筑物有较大的影响。由于自然界的千差万别，因此需要各式各样的水工建筑物。除一些小型渠系建筑物外，一般根据环境的独特性，进行单独设计。

（四）与周围环境相关

水利工程可抵御洪水灾害，并能发电、灌溉、供水，但同时其对周围自然环境和社会环境也会产生一定影响。水利工程的建设和运用将改变河道的水文与小区域气候，对河中水生生物和两岸植物的繁殖与生长产生一定影响，即对沿河的生态环境产生影响。另外，由于占用土地、开山破土、库区淹没等必须迁移村镇及人口，会对人群健康、文物古迹、矿产资源等产生不利影响。

（五）对国民经济影响巨大

水利建筑物工程规模大、综合性强、组成建筑物多，因此其本身的资金耗费巨大，尤其是大型水利工程，大坝高、库容大，担负着防洪、发电、供水等任务，因此一旦出现堤坝溃决等险情，将对下游工农业生产造成极大危害，甚至对下游人民群众的生命财产带来巨大损失。所以，必须高度重视主要水工建筑物的安全性。

三、水利工程等级划分

为了使水利工程建设既安全又经济，遵循水利工程建设的基本规律，应对规模、效益不同的水利工程进行区别对待。水利工程等级分为水利水电等级和水工建筑物等级。

（一）水利工程分等

根据我国水利部发布的《水利水电工程等级划分及洪水标准》（SL252-2017）规定，水利工程按工程规模、效益及其在国民经济中的重要性划分为五个等级，即大（1）型、大（2）型、中型、小（1）型和小（2）型。综合利用的水利工程，当按其不同项目的分等指标确定的等别不同时，其工程的等别应按其中最高等别确定。

（二）水工建筑物分级

水利工程中长期使用的建筑物称为永久性建筑物；施工及维修期间使用的建筑物称临时性建筑物。在永久性建筑物中，起主要作用及失事后影响很大的建筑物称主要建筑物，其他称次要建筑物。水利工程的永久性水工建筑物的级别应根据工程的等别及其重要性划分。

对失事后损失巨大或影响十分严重的水利水电工程（2 到 5 级）的主要永久性水工建筑物，经过论证并报主管部门批准后，其标准可提高一级；失事后损失不大的水利水电工程（1 到 4 级）的主要永久性建筑物，经论证并报主管部门批准后，可降低一级标准。

临时性挡水和泄水的水工建筑物的级别，应根据其规模和保护对象、失事后果、使用年限等确定其级别。

当分属不同级别时，其级别按最高级别确定，但对 3 级临时性水工建筑物，符合该级别规定的指标不得少于两项；利用临时性水工建筑物挡水发电、通航时，经技术经济论证，3 级以下临时性水工建筑物的级别可提高一级。

第二节　水资源与水利事业

一、水资源及其特性

（一）水资源

水对人类社会的产生和发展起到了巨大的作用。人们认识到，水是人类赖以生存和发展的最基本的生产、生活资料；水是一种不可或缺、不可替代的自然资源；水是一种可再生的有限的宝贵资源。

广义上的水资源，是指地球上所有能直接利用或间接使用的各种水及水中物质，包括海洋水、极地冰盖的水、河流湖泊的水、地下及土壤水。其总储量达 13.86 亿 km^3，其中海水约占 96.5％。目前，海水还很难直接用于工农业生产。

一般来讲，当前可供利用或可能被利用，且有一定数量和可用质量，并在某一地区能够长期满足某种用途并可循环再生的水源，称为水资源。

水资源是实现社会与经济可持续发展的重要物质基础。随着科学技术的进步和社会的发展，可利用的水资源范围将逐步扩大，水资源的数量也可能会逐渐增加。但是，其数量还是很有限的。同时，伴随人口增长和人们生活水平的提高、工农业生产的发展，对水资源的需求会越来越多，再加上水污染和水源的不合理开发利用，水资源日渐贫乏，水资源紧缺现象愈加突出。

（二）水资源的特性

一般情况下，水资源具有以下特性：

1.再生性

在太阳能的作用下，水在自然界形成周而复始的循环，即太阳辐射到海洋、湖泊水面，将部分水汽蒸发到空中。水汽随风上升，遇冷空气后，以雨、雪、霜等形式降落到地表。降水形成径流，在重力作用下又流回海洋、湖泊，年复一年地循环。因此，一般认为水循环为每年一次。

2.时间和空间分布的不均匀性

在地球表面，受经纬度、气候、地表高程等因素的影响，降水在空间分布上极为不均，如热带雨林和干旱沙漠、赤道两侧与南北两极、海洋和内地差距很大。在年内和年际之间，水资源分布也存在很大差异，如冬季和夏季，降雨量变化较大；另外，往往丰水年洪水泛滥，而枯水年干旱成灾。

3.稀缺性

地球上淡水资源总量是有限的，但随着世界人口急剧增长，工农业生产进一步发展，城市不断膨胀，社会对淡水资源的需求量也在快速增加，再加之水体污染和水资源的浪费现象，使某些地区的水资源日趋紧缺。

二、水利事业

为防止洪水泛滥，扩大灌溉面积，充分利用水能发电等，须采取各种工程措施对河流的天然径流进行控制和调节，合理使用和调配水资源。这些措施，需修建一些工程结构物，这些工程统称水利工程；为达到除水害、兴水利的目的，相关部门从事的事业统称为水利事业。

水利事业的首要任务是抵御水旱灾害，防止洪水泛滥，保障广大人民群众的生命财产安全。其次是利用河水发展灌溉，增加粮食产量，减少旱涝灾害对粮食安全的影响。

（一）防洪治河

洪水泛滥导致农作物大量减产，工业、交通、电力等正常生产遭到破坏；严重时，则会造成农业绝收、工业停产、人员伤亡等。

因此，人们常采取相应的工程措施及非工程措施控制和减少洪水灾害。

1.工程措施

（1）拦蓄洪水控制泄量

利用水库、湖泊的巨大库容，蓄积和滞留大量洪水，削减下泄洪峰流量，从而减轻和消除下游河道可能发生的洪水灾害。例如，1998年特大洪水，武汉关水位达到29.43m，是历史第二高水位。由于上游的隔河岩、葛洲坝等水库的拦洪、错峰，缓解了洪水对荆江河段及下游的压力，减小了洪水灾害造成的损失。在利用水库来蓄洪水的同时，还应充分利用天然湖泊的空间，囤积、蓄滞洪水，降低洪水水位。当前，由于长江等流域的天然湖泊的面积减少，湖泊蓄滞洪水的能力降低。1998年大洪水后，对于湖面日益减少的洞庭湖、鄱阳湖等天然湖泊，我国提出了"退田还湖"的政策，这对提高湖泊滞洪功能和推行人与水和谐相处的治水方略具有积极作用。另外，拦蓄的洪水还可以用于枯水期的灌溉、发电等，提高水资源的综合利用效益。

（2）疏通河道，提高行洪能力

一般的自然河道，由于冲淤变化常常使其过水能力变弱，因此应经常对河道进行疏通清淤和清除障碍物等工作，保持足够的断面，保证河道的设计过水能力。

2.非工程措施

（1）蓄滞洪区分洪减流

蓄滞洪区分洪减流是利用有利地形，规划分洪（蓄滞洪）区；在江河大堤上设置分洪闸，当洪水超过河道行洪能力时，将一部分洪水引入蓄滞洪区，减小主河道的洪水床力，保障大堤不决口。通过全面规划，合理调度，总体上可以减小洪水灾害带来的损失，从而有效保障下游城镇及人民群众的生命、财产安全。

（2）加强水土保持，减小洪峰流量和泥沙淤积

地表草丛、树木可以有效拦蓄雨水，减缓坡面上的水流速度，减小洪水流量和延缓洪水的形成。另外，良好的植被还能防止地表土壤的水土流失，有效减少水中泥沙含量。

因此，水土保持对减小洪水灾害有明显效果。

（3）建立洪水预报、预警系统和洪水保险制度

根据河道的水文特性，建立一套自动化的洪水预报、预警信息系统，及时准确地根据降雨、径流量、水位、洪峰等信息的进行预警，可快速采取相应的抗洪抢险措施，减小洪水灾害损失。另外，我国应参照国外经验，利用现代保险机制，建立洪水保险制度，分散洪水灾害的风险和损失。

（二）农田水利

我国总用水量约 70%是农业灌溉用水，农业现代化对农田水利提出了更高的要求。我国应采取以下措施保障农业用水：一是通过修建水库、泵站、渠道等工程措施提高农业生产用水保障；二是利用各种节水灌溉方法，按作物的需求分配和输送水量；补充农田水分不足，改变土壤的养料、通气等状况，进一步提高粮食产量。

（三）水力发电

水能资源是一种洁净能源，其具有运行成本低、不消耗水量、环保生态、可循环再生等特点，是其他能源无法比拟的。

水力发电即在河流上修建大坝，拦蓄河道来水，抬高上游水位并形成水库，集中河段落差获得水头和流量，将具有一定水头差的水流引入发电站厂房中的水轮机，推动水轮机转动，水轮机带动同轴的发电机组发电。然后，通过输变电线路，将电能输送到电网的用户。

（四）城镇供、排水

随着城镇化进程的加快，城镇生活供水和工业用水的数量、质量在不断增多与提高，城市供水和用水矛盾日益突出。由于供水水源不足，一些重要城市只好进行跨流域引水，如"引滦入津""引碧入大""京密引水渠""引黄济青"等。由于城镇地面硬化率高，当雨水较大时，在城镇的一些低洼处，容易形成积水，如不及时排放，则会影响工、商业生产及人民群众的正常生活。因此，城镇降雨积水及积水的排放，是防洪措施的一部分，必须引起高度重视。

（五）航运及渔业

自古以来，人类就利用河道进行水运，如全长 1 794km，贯通浙江、江苏、山东、河北、北京的京杭大运河，把海河、淮河、黄河、长江、钱塘江等流域连接起来，形成一个杭州到北京的水运网络。在古代，京杭大运河是南北交通的主动脉，为南北方交流和沿岸经济繁荣作出了巨大贡献。

内河航运要求河道水深、水位比较稳定，水流流速较小，必要时应采取工程措施，进行河道疏浚，修建码头、航标等设施。当河道修建大坝后，船只不能正常通行，须修建船闸、升船机等，使船只顺利通过大坝，如三峡工程中，修建了双线五级船闸及升船机，可同时使万吨客轮及船队过坝，保证长江的正常通航。

由于水库大坝的建设，改变了天然的水状态，破坏了某些洄游性鱼类的生存环境。因此，须采取一定的工程措施，帮助鱼类生存、发展，防止其种群的减少和灭绝，常用的过鱼设施有鱼道、鱼闸等。

（六）水土保持

由于人口的增加和人类活动的影响，地球表面的原始森林被大面积砍伐，天然植被遭到破坏，水分涵养条件差，降雨时雨水直接冲蚀地表土壤，造成地表土壤和水分流失。这种现象称为水土流失。

水土流失把地表的肥沃土壤冲走，使土地贫瘠，形成丘陵沟壑，农作物产量减少甚至绝收；雨水集中且很快流走，往往会形成山洪，随山洪而下的泥沙则淤积河道和压占农田，还易引发泥石流等地质灾害。

为有效防止水土流失，应植树种草、培育有效植被，退耕还林还草，合理利用坡地并结合修建堤坝、蓄水池等工程措施，进行以水土保持为目的的综合治理。

（七）水污染及防治

水污染是指由于人类活动，排放污染物到河流、湖泊、海洋的水体中，使水体的有害物质超过了水体的自身净化能力；水体的性质或生物群落组成发生变化，降低了水体的使用价值和原有用途。

水污染的原因很复杂，污染物质较多，一般有耗氧有机物、难降解有机物、植物性营养物、重金属、无机悬浮物、病原体、放射性物质、热污染等。污染的类型有点污染和面污染等。

水污染的危害严重并影响时间长。轻者造成水质变坏，不能饮用或灌溉，水环境恶化，破坏自然生态景观；重者造成水生动物、水生植物灭绝，污染地下水。

水污染的防治任务艰巨，一是全社会动员，提高对水污染危害的认识，自觉抵制水污染的一切行为，全社会、全民、全方位控制水污染。二是加强水资源的规划和水源地的保护，预防为主、防治结合。三是做好废水的处理和应用，废水利用、变废为宝，花大力气采取切实可行的污水处理措施，真正做到达标排放，造福后代。

（八）水生态系统及旅游

1.水生态系统

水生态系统是天然生态系统的主要部分。维护正常的水生态系统，可使水生动物系统、水生植物系统、水质水量、周边环境形成良性循环。一旦水生态遭到破坏，其后果是非常严重的，其影响是久远的。水生态遭破坏的主要现象为：水质变色变味、水生动物、水生植物灭绝；坑塘干涸、河流断流；水土流失，土地荒漠化；地下水位下降，沙尘暴增加；等等。

水利工程的建设对自然生态具有一定的影响。建坝后河流的水文状态发生一定的改变，可能会造成河口泥沙淤积减少而加剧侵蚀，污染物滞留，改变水质，库区因水深增加、水面扩大，流速会随之减小，从而产生淤积。水库面积较大，蒸发量增加，对局部小气候有所调节。筑坝对洄游性鱼类影响较大，如长江中的扬子鳄、胭脂鱼等。在工程建设中，应采取一些可能的工程措施（如鱼道、鱼闸等），尽量减小对生态环境的影响。

2.水与旅游

自古以来，水与旅游业一直有着密切的联系，从湖南的张家界、黄果树瀑布、桂林山水、长江三峡、黄河壶口瀑布、杭州西湖，到北京的颐和园以及哈尔滨的冰雪世界，无不因水而美丽纤秀，因水而名扬天下。清洁、幽静的水环境可造就秀丽的旅游景观，给人们带来美好的精神享受。水环境是一种不可多得的旅游、休闲资源。

水利工程建设，可造就一定的水环境，形成有山有水的美丽景色，形成新的旅游景点。例如，浙江新安江水库的千岛湖、北京的青龙峡等。但如处理不当，也会破坏当地的水环境，造成自然景观乃至旅游资源的恶化和破坏。

第三节 水利工程的建设与发展

一、我国古代水利建设代表性工程

几千年来，我国广大劳动人民为开发水利资源，治理洪水，发展农田灌溉，进行了大量的水利工程建设，积累了宝贵的经验，建设了一批成功的水利工程。

我国古代建设的水利工程很多，下面介绍两个典型的工程：

（一）四川都江堰灌溉工程

都江堰坐落在四川省成都平原西部的岷江上，是世界上年代最久、唯一留存、仍在一直使用、以无坝引水为特征的水利工程。公元前 250 年，由蜀郡太守李冰父子主持兴建。历经各朝代维修和管理，其主体基本保持历史原貌；虽经历 2000 多年，都江堰灌溉区至今仍是我国灌溉面积最大的灌区之一，其灌溉面积达 1 000 多万亩（1 亩约 666m²）。

都江堰巧妙地利用了岷江出山口处的地形和水势，使堤防、分水、泄洪、排沙相互依存，共为一体，孕育了举世闻名的"天府之国"。都江堰枢纽主要由鱼嘴、飞沙堰、宝瓶口、金刚堤、人字堤等组成。鱼嘴将岷江分成内江和外江，合理导流分水，并促成河床稳定。飞沙堰是内江向外江泄洪排沙的坝式建筑物，洪水期泄洪排沙，枯水期挡水，保证宝瓶口取水流量。宝瓶口形如瓶颈，是人工开凿的窄深型引水口，其既能引水，又能控制水量，处于河道凹岸的下方，符合无坝取水的弯道环流原理，引水不引沙。

（二）灵渠

灵渠位于广西兴安县城东南,建于公元前 214 年。灵渠沟通了珠江和长江两大水系,成为当时南北航运的重要通道。灵渠由大天平、小天平、南渠、北渠等建筑物组成，大天平和小天平为高 3.9m、长近 500m 的拦河坝，用以抬高湘江水位。在灵渠修建过程中，用拦河大坝挡住湘江之水，挖两条渠分别为南渠和北渠。南渠使湘江水流入漓江支流，通过南渠与北渠使湘江与漓江连接在了一起；北渠回湘江，南渠通漓江。大小天平用鱼鳞石结构砌筑，抗冲性能好。整个工程，顺势而建，至今保存完好。灵渠与都江堰都是我国古代著名水利工程。

另外，还有陕西引泾水的郑国渠，安徽寿县境内的芍陂灌溉工程，引黄河水的秦渠、汉渠，河北的引漳十二渠等。这些古老的水利工程防洪和灌溉方面发挥重要作用，有些工程至今仍在发挥作用。

在水能利用方面，自汉晋时期开始，劳动人民就已开始用水作为动力，带动水车、水碾、水磨等，用以浇灌农田、碾米、磨面等。

二、水利工程建设程序

（一）水利工程建设程序及其作用

工程建设程序是指工程建设过程中，各建设环节及其遵循的先后次序法则。水利工程建设程序是多年工程建设实践经验、教训的总结，是科学决策及顺利实现建设目标的重要保证。

水利工程建设程序反映工程自身建设、发展的科学规律。水利工程建设工作应按程序规定的相应阶段，循序渐进逐步深入地进行。水利工程建设程序的各阶段及步骤不能随意颠倒；否则，将会造成严重后果。

水利工程建设程序是为了约束建设者的行为，对缩短工程的建设工期，保证工程质量，节约工程投资，提高经济效益和保障工程项目顺利实施，其具有一定的现实意义。

另外，建设程序加强水利建设市场管理，进一步规范水利工程建设行为，推进项目法人责任制、建设监理制、招标投标制的实施，促进水利建设实现经济体制和经济增长方式的两个根本性转变，具有积极的推动作用。

（二）我国水利工程建设程序及主要内容

对江河进行综合开发治理时，首先根据国家（区域、行业）经济发展的需要确定优先开发治理的河流；然后按照统一规划、综合治理的原则，对选定的河流进行全流域规划，确定河流的梯级开发方案，提出分期兴建的若干个水利工程项目。规划经批准后，方可对拟建的水利工程进行进一步建设。

我国《水利工程建设项目管理规定》（试行）的规定，水利工程建设程序一般分为项目建议书、可行性研究报告、设计阶段、施工准备（包括招标设计）、建设实施、生产准备、竣工验收、项目后评价等阶段。

1.项目建议书

项目建议书应根据国民经济和社会发展长远规划、区域综合规划、专业规划、专项规划，按照国家产业政策和国家有关投资建设方针进行编制。项目建议书是对拟进行建设项目的初步说明。

项目建议书应按照《水利水电工程项目建议书编制暂行规定》进行编制。项目建议书的编制工作一般由政府委托有相应资格的工程咨询、设计单位承担，并按国家现行规定的权限向主管部门申报审批；项目建议书被批准后，由政府向社会公布。若有投资建设意向，应及时组建项目法人筹备机构，按相关要求展开工作。

2.可行性研究报告

可行性研究报告，由项目法人组织编制。经过批准的可行性研究报告，是项目决策和进行初步设计的依据。

可行性研究的主要任务是根据国民经济长期规划和地区规划、行业规划的要求，在流域规划的基础上，通过对拟建工程的建设条件做进一步调查、勘测、分析和方案比较等工作，进而论证该工程在建设上的必要性、技术上的可行性及经济上的合理性。

可行性研究的工作内容和深度是基本选定工程规模，选定坝址，初步选定基本坝型和枢纽布置方式，估算出工程总投资及总工期；对工程经济合理性和兴建必要性进行定量定性评价。该阶段的设计工作可采用简略方法，其成果必须具有一定的可靠性，以利于上级主管部门决策。

可行性研究报告的审批按国家现行规定的审批权限报批。项目可行性研究报告，必须同时提出项目法人组建方案及运行机制、资金筹措方案、资金结构及回收资金的办法，并依照有关规定附具有管辖权的水行政主管部门或流域机构签署的规划同意书，以及对取水许可预申请的书面审查意见。审批部门要委托有项目相应资格的工程咨询机构对可行性研究报告评估，并综合行业归口主管部门、投资机构等方面的意见，进行审批。项目的可行性报告批准后，应正式成立项目法人，并按项目法人责任制实行项目管理。

3.设计阶段

（1）初步设计。初步设计是根据已批准的可行性研究报告和必要的设计基础资料，对设计对象进行通盘研究，确定建筑物的等级；选定合理的坝址、枢纽总体布置、主要建筑物型式和控制性尺寸；选择水库的各种特征水位；选择电站的装机容量、电气主接线方式及主要机电设备；进行水库移民安置规划；选择施工导流方案和进行施工组织设计；编制项目的总概算。

初步设计报告应按照《水利水电工程初步设计报告编制规程》的有关规定编制。初步设计报告报批前，应由项目法人向有关专家进行咨询，设计单位根据咨询论证意见，对初步设计报告进行补充、修改、优化。初步设计报告按国家现行规定权限向主管部门申报审批，经批准后的初步设计报告的主要内容不得随意修改、变更，并作为项目建设实施的技术文件基础；如有重要修改、变更，须经原审批机关复审同意。

（2）技术设计或招标设计。对重要的或技术条件复杂的大型工程，在初步设计和施工详图设计之间增加技术设计阶段，其主要任务是在深入细致的调查、勘测和试验研究的基础上，全面加强初步设计的工作，解决初步设计阶段尚未解决的具体问题，确定或改进技术方案，编制修正概算。技术设计的项目内容与初步设计一致，只是更为深入详尽；审批后的技术设计文件和修正概算，是建设工程拨款和施工详图设计的依据。

（3）施工详图设计。该阶段的主要任务是以经过批准的初步设计或技术设计为依据，确定地基开挖、地基处理方案，进行细节措施设计；对各建筑物进行结构及细部构造设计，并绘制施工详图；进行施工总体布置及确定施工方法，制订施工进度计划和编制施工预算等。施工详图预算是工程承包或工程结算的依据。

4.施工准备阶段

项目在主体工程开工之前，必须完成各项施工准备工作。其主要内容包括：施工现场的征地、移民、拆迁；完成施工用水、用电、通信、道路和场地平整等工作；建设生产、生活必需的临时建筑；组织监理、施工、设备和物资采购招标等工作；择优确定建设监理单位和施工承包队伍。

工程项目必须满足以下条件，方可进行施工准备：初步设计已经批准；项目法人已经建立；项目已列入国家或地方水利建设投资计划，筹资方案已经确定；有关土地使用权已经批准；已办理报建手续。

5.建设实施阶段

建设实施阶段是指主体工程的建设实施。项目法人按照批准的建设文件，组织工程建设，从而保证建设目标的实现。

项目法人或其代理机构必须按审批权限，向主管部门提出主体工程开工申请报告，经有关部门批准后，主体工程方能正式开工。主体工程开工须具备的条件是前期工程各阶段文件已按规定批准，施工详图设计可以满足初期主体工程施工的需要；工程项目建设资金已落实；主体工程已决标，并签订工程承包合同；现场施工准备和征地移民等建设外部条件能够满足主体工程开工需要。

按市场经济机制，实行项目法人责任制。主体工程开工还须具备以下条件：项目法人要充分授权监理工程师，使之能独立负责项目的建设工期、质量、投资的控制和现场施工的组织协调；要按照"政府监督、项目法人负责、社会监理、企业保证"的要求，建立健全质量管理体系。重大建设项目必须设立项目质量监督站，行使政府对项目建设的监督职能。水利工程建设必须遵循先勘测、后设计的原则，在做好充分准备的条件下，进行施工的建设程序；否则，就很可能导致设计失误，造成巨大经济损失，乃至灾难性的后果。

6.生产准备阶段

生产准备应根据不同工程类型的要求确定。一般应包括如下主要内容：

（1）生产组织准备。建立生产经营的管理机构及相应的管理制度，招收和培训人员。按生产运营的要求，配备生产管理人员。

（2）生产技术准备主要包括技术资料的汇总、运行技术方案的制定、岗位操作规程制定和新技术准备等。

（3）生产物资准备，主要是落实投产运营所需要的原材料、协作产品、工器具、备品、备件和其他协作配合条件的准备。

（4）运营销售准备，主要是及时具体落实产品销售协议，提高生产经营效益，为偿还债务和资产的保值增值创造条件。

7. 竣工验收

竣工验收是工程完成建设目标的标志，是全面考核基本建设成果、检验设计和工程质量的重要步骤。竣工验收合格的项目即从基本建设转入生产或使用。

当建设项目的建设内容全部完成，并经过单位工程验收、完成竣工报告、竣工决算等文件后，项目法人向主管部门提出申请。主管部门根据相关验收规程，组织竣工验收。

竣工决算编制完成后，须由审计机关组织竣工审计，其审计报告作为竣工验收的基本资料。另外，工程规模较大、技术较复杂的建设项目可进行初步验收。

8. 项目后评价

建设项目竣工投产后，一般经过 1~2 年生产运营，进行系统评价，也称后评价。其主要内容包括：影响评价，即项目投产后对政治、经济、生活等方面的影响进行评价；经济效益评价，即对国民经济效益、财务效益、技术进步和规模效益等进行评价；过程评价，即对项目的立项、设计、施工、建设管理、生产运营等全过程进行评价。

项目后评价一般按三个层次组织实施，即项目法人的自我评价、项目行业的评价、计划部门（或主要投资方）的评价。

项目后评价工作必须遵循客观、公正、科学的原则，做到分析合理、评价公正。项目后评价以达到肯定成绩、总结经验、研究问题、吸取教训、提出建议、改进工作的目的。

第二章 水利工程施工组织设计

第一节 水利工程施工组织总设计

一、施工组织总设计的编制原则与内容

（一）施工组织总设计的编制原则与依据

1.施工组织总设计的编制原则

（1）贯彻执行国家有关法律、法规、标准和技术经济政策。

（2）结合实际，因地、因时制宜。

（3）统筹安排、综合平衡、妥善协调枢纽工程各部位的施工。

（4）结合国情积极开发和推广新技术、新材料、新工艺和新设备，凡经实践证明技术经济效益显著的科研成果，应尽量采用。

2.施工组织总设计的编制依据

（1）有关法律、法规、规章和技术标准。

（2）可行性研究报告及审批意见、上级单位对本工程建设的要求或批准文件。

（3）工程所在地区有关基本建设的法规或条例,地方政府、业主对本工程建设的要求。

（4）国民经济各有关部门对本工程建设期间的有关要求及协议,

（5）当前水利水电工程建设的施工装备、管理水平和技术特点。

（6）工程所在地区和河流的自然条件（地形、地质、水文、气象特性和当地建材情

况等）、施工电源、水源及水质、交通、环保、旅游、防洪、灌溉、航运、过木、供水等现状和近期发展规划。

（7）当地城镇现有修配、加工能力,生活、生产物资和劳动力供应条件,居民生活、卫生习惯等。

（8）施工导流及通航等水工模型试验、各种原材料试验、混凝土配合比试验、重要结构模型试验、岩土物理力学试验等成果。

（9）工程有关工艺试验或生产性试验成果。

（10）勘测、设计各专业有关成果。

（二）施工组织总设计的内容

初步设计阶段,水利水电工程施工组织总设计内容一般包括施工条件、施工导流、料场的选择与开采、主体工程施工、施工交通运输、施工工厂设施、施工总布置、施工总进度主要技术供应及附图等方面。

1.施工条件

施工条件包括坝址的地形地质条件、水文气象条件、对外交通及物资供应条件,主要建筑材料的储量、分布及开采运输条件,当地水电供应情况、施工用地、库区淹没及移民安置条件等。

施工条件分析的主要目的是判断它们对工程施工可能造成的影响,以充分利用有利条件,回避或减小不利影响。

2.施工导流

施工导流是枢纽总体设计的重要组成部分,是选定枢纽布置、永久建筑物型式、施工程序和施工总进度的重要因素。水利工程施工设计中应充分掌握基本资料,全面分析各种因素,做好方案比较,从中选择最优方案,使工程建设达到缩短工期、节省投资的目的。施工导流贯穿工程施工全过程,导流设计要妥善解决从初期导流到后期导流（包括围堰挡水、坝体临时挡水、封堵导流泄水建筑物和水库蓄水）施工全过程的挡水、泄水问题。各期导流特点和相互关系宜进行系统分析、全面规划、统筹安排,运用风险分析的方法,处理洪水与施工的矛盾,务求导流方案经济合理、安全可靠。

导流泄水建筑物的泄水功能要通过水力计算以确定断面尺寸和围堰高度,有关的技术问题应通过水工模型试验进行分析验证，导流建筑物能与永久建筑物应尽可能结合。导流底孔布置与水工建筑物关系密切，有时为了导流需要，在选择永久泄水建筑物的断面尺寸、布置高程时，需结合导流要求，以获得经济合理的方案。

选择导流方式时应优先研究分期导流的可能性和合理性，大、中型水利枢纽因枢纽工程量大、工期较长，分期导流有利于提前受益且对施工期通航影响较小。对于山区性河流，洪（枯）水位变幅大，可采取过水围堰配合其他泄水建筑物的导流方式。围堰型式要安全可靠、结构简单，并能充分利用当地材料。

截流是水电工程施工的一个重要环节，设计方案必须稳妥可靠，保证截流成功。选择截流方式时应充分分析水力学参数、施工条件和难度、抛投物数量和性质，并进行经济比较。截流时段应根据河流水文特征、围堰施工及通航等因素综合分析选定。

3.料场的选择与开采

（1）料场选择

根据要求分析混凝土骨料、石料、土料等各料场的分布、储量、质量、开采运输和加工条件，以及开采获得率与开挖弃渣利用率等主要技术参数，并进行混凝土和填筑料的设计与试验研究；通过技术、经济比较选定料场。

（2）料场规划

料场规划原则：根据建筑物各部位不同高程用料的数量和技术要求、各料场的分布高程、数量和质量、开采运输和加工条件、受洪水和冰冻等影响的情况；拦洪蓄水和环境保护、占地及迁建赔偿，以及施工机械化程度、施工强度、施工方法、施工进度及造价等条件，对选定料场进行开采规划。

（3）料场开采

经方案比较，提出选定料场的料物的开采、运输、堆存、设备选择、加工工艺、废料处理、环境保护等设计；说明掺和料的料源选择，并附试验报告，提出选定的运输、储存和加工系统。

4.主体工程施工

研究主体工程施工是为了正确选择水工枢纽布置和建筑物型式，保证工程质量与施工安全，论证施工总进度的合理性和可行性，并为编制工程概算提供资料。其主要内容如下：

（1）确定主要单项工程的施工方案、施工程序、施工方法、施工布置和施工工艺。

（2）根据总进度要求，安排主要单项工程的施工进度及相应的施工强度。

（3）计算所需的主要材料、劳动力数量，制订需用计划。

（4）确定所需的大型施工辅助企业的规模、布置和型式。

（5）协同施工总布置和总进度，平衡整个工程的土石方、施工强度、材料、设备和劳动力。

5.施工交通运输

施工交通运输分对外交通运输和场内交通运输两个部分。

（1）对外交通运输是根据对外运输总量、运输强度和重大部件的运输要求，确定对外运输方式，选择运输线路和标准；安排场外交通工程的设计与施工。

（2）场内交通运输是根据施工场地的地形条件和分区规划，选定场内交通的主要线路，以及各种设施的布置、标准和规模，保证主体工程施工运输要求，避免交通干扰。场内交通线路应尽量顺直、视野开阔，并远离生活区。

选择交通运输路线时应将场内交通与对外交通统一考虑，使内外交通顺畅连接。

6.施工工厂设施

为施工服务的施工工厂设施主要包括砂石加工、混凝土生产、压气、供水、供电、通信机械修配及加工等。其任务是制备施工所需的建筑材料，供水、供电和供气，建立工地内外的通信联系，维修和保养施工设备，加工制造少量的非标准件和金属结构，使工程施工能顺利进行。施工生产设施，如砂石加工系统，混凝土生产系统，风、水、电及通信系统，机械修配加工厂等。

7.施工总布置

施工总布置的主要任务是根据施工场区的地形地貌，以及各类建筑物的施工方案和布置要求，对施工场地进行分期、分区和分标段规划，确定分期、分区布置方案和承包单位的占地范围，绘制施工总平面布置图；估计施工用地面积，提出占地计划。施工总布置一般将施工场地分为以下几个区域：主体工程施工区、土石材料生产区、施工辅助企业区，仓库、堆料场，各个施工工区、生活福利区。

分区规划布置原则如下：

（1）以混凝土建筑物为主的枢纽工程，施工区布置宜以砂石料的开采、加工、混凝土搅拌、运输、浇筑系统为主；以当地材料坝为主的枢纽工程，施工区布置宜以土石料的采挖加工、堆料场和上坝运输线路为主。施工区布置应使枢纽工程形成最优工艺流程。

（2）机电设备、金属结构的安装场地宜靠近主要安装地点。

（3）施工管理中心设在主体工程、施工工厂和仓库区的适中地段；各段工区应靠近其施工对象。

（4）生活福利设施应考虑风向、日照、噪声、绿化、水源、水质等因素，生产、生活设施应有明显的界线。

（5）主要施工物资仓库、转运站等储运系统一般布置在场内外交通衔接处。

（6）特种材料（炸药。雷管、油料等）仓库应根据有关安全规程的要求布置。

8.施工总进度

施工总进度是对施工期间的各项工作所作的时间规划。它以可行性研究报告批准的竣工投产日期为目标，规定了各个项目施工的起止时间、施工顺序和施工速度。

编制施工总进度的原则如下：

（1）严格执行基本建设程序，遵守国家的法律法规、政策和有关规程规范。

（2）力求缩短工程建设周期，对控制工程总工期或受洪水威胁的工程及关键项目应重点研究，采取有效的技术和安全措施。

（3）各项目施工程序前后兼顾、衔接合理、减少干扰、均衡施工。

（4）采用平均先进指标，对复杂地基或受洪水制约的工程宜适当留有余地。

（5）在保证工程质量与施工总工期的前提下，充分发挥投资效益。

在水工、施工导流方案选定后，分析某些项目工期提前或推后对总工期的影响，编制施工总进度的比较方案。确定各方案的工程量，施工强度，分年度投资、物资、劳动力、分期移民情况和实现各方案所必须具备的其他条件等，优选出工期短、投资省、效益高、技术先进、资源需求较平衡的施工总进度方案。

9.主要技术供应

（1）主要建筑材料。对主体工程和临建工程，按分项列出所需钢材、钢筋、木材、水泥、油料、炸药等主要建筑的材料需要总量和分年度供应期限及数量。

（2）主要施工机械设备。施工所需的主要及特殊机械设备，按名称、规格、数量列出汇总表，并提出分年度供应期限及数量。

10.附图

附图包括上述各项内容的图纸文件及其必要的说明。

工程投标和施工阶段、施工单位编制的施工组织设计应当包括下列内容。

（1）工程任务情况及施工条件分析。

（2）施工总方案包括主要施工方法、工程施工进度计划、主要单位工程综合进度计划，以及施工力量、机具及部署。

（3）施工组织技术措施包括工程质量、施工进度、安全防护、文明施工及环境污染防治等各种措施。

（4）施工总平面布置图。

（5）总包和分包的分工范围及交叉施工部署等。

二、施工方案

施工方案是对整个建设项目全局做出的统筹规划和全面安排，其主要解决影响建设项目全局的重大战略问题。它是施工组织设计的中心环节，是对整个建设项目带有全局性的总体规划。

（一）拟定施工程序

1.实行分期分批建设

在保证工期要求的前提下，为了充分发挥工程建设投资的效果，尽量实行分期分批施工。对于总工期较长的工程建设项目，一般应当在保证总工期的前提下，进行分期、分批建设，这既可以使各具体项目迅速建成，及早发挥效益，又可以在全局上实现施工的连续性和均衡性，减少临时工程数量，降低工程成本。

2.统筹安排各项工程施工

统筹安排各项工程施工的关键是既要保证重点，又要兼顾其他。在安排施工项目的先后顺序时，应按照工程项目的重要程度，优先安排以下工程：

（1）先期投入生产或起主导性作用的工程项目。

（2）施工难度大、施工工期长、工程量大的工程项目。

（3）生产先期需使用的机修、车床、办公楼及宿舍等。

（4）施工工厂措施，如钢筋加工厂、木材加工厂、预制构件加工厂、混凝土搅拌站、采砂场等附属企业及其他为施工服务的相关设施。

3.合理安排施工顺序

施工顺序是指互相制约的工序在施工组织上必须加以明确，而又不能调整的安排。由于建筑产品的固定性，水利工程施工活动必须在同一场地上进行，如果没有前一阶段的工作，后一阶段就不能进行。在施工过程中，即使它们之间交错搭接地进行，也必须遵守一定的顺序。合理安排施工顺序的原则如下：

（1）满足施工工艺的要求

不能违背各施工顺序间存在的工艺顺序关系，如坝面作业的施工顺序是：辅料、平整、洒水、压实和质检。

（2）满足施工组织的要求

有的施工顺序可能有多种方式，但必须按照对施工组织有利和方便的原则确定。例如，水闸的施工应以闸室为中心，按照先深后浅、先重后轻、先高后矮、先主后次的原则进行。

（3）满足施工质量的要求

如现浇混凝土的拆模，必须等混凝土强度达到规范规定的强度后方可进行。

施工顺序一般的要求如下所述：

第一，先下后上。先完成土方工程、基础工程等下部工程，后进行上部工程施工，即单纯的地下工程也应该先深后浅。

第二，先主后次。先主体部位，后次要部位。这既是基于工程安全的考虑，也是从节省投资、缩短工期着眼。

第三，先建筑后安装。在建筑工程的施工完成后进行机电金属结构等安装施工。

4.合理安排施工时间

季节对施工有很大影响，它不仅影响施工进度，而且影响工程质量和投资效益，因此在制订施工计划时，应合理安排施工时间，如在雨季施工时，最好不要安排大规模的土方工程和深基础工程；在冬季施工时，最好安排室内作业和设备安装。

（二）施工方案和施工机械的选择

1.施工方案编制的主要依据

施工方案编制的主要依据有施工图纸、施工现场的勘察资料和信息，施工验收规范，质量检查验收标准，安全与技术操作规程，施工机械性能手册，新技术、新设备、新工艺等资料。

2.施工方案编制的主要内容

施工方案编制的主要内容有施工方法、施工工艺流程、施工机械设备等。

施工方法的确定要兼顾技术工艺的先进性和经济的合理性；施工工艺流程的确定要符合施工的技术规律；施工机械的选择应使主要施工机械的性能满足工程的需要，辅助配套机械的性能应与主导施工机械相适应，并能充分提高主导施工机械的工作效率。

3.施工机械的选择

施工方法与施工机械的关系极为密切，只要确定了施工方法，施工机械也就随之确定。施工方法的选择随工程的不同而不同，如土石方工程中，确定土石方开挖方法或爆破方法；土石坝工程中，确定坝体铺筑方法和碾压方法；混凝土工程中，确定模板类型及支撑方法，选择混凝土的拌和、运输和浇注方法等。总之，选择的机械化施工总方案不仅在技术上是先进的、适用的，而且在经济上是合理的。

（三）评价施工方案

评价施工方案的目的在于对单位工程各可行的施工方案进行比较，选择工期短、质量佳、成本低的最佳方案。评价施工方案主要有两种。

1.定性分析评价

定性分析评价是结合施工经验，对多个施工方案的优缺点进行分析比较，最后选定较优方案的评价方法。

2.定量分析评价

定量分析评价是通过计算各方案的一些主要技术经济指标并进行综合比较分析，从中选出综合指数较佳方案的一种方法。主要技术经济指标包括工期指标、劳动量指标、主要材料消耗指标和成本指标。

水利工程施工组织设计的编制十分复杂且作用突出，因此只有结合实际的施工组织设计才能保证工程的顺利进行。

三、施工总进度计划

施工总进度计划是根据工程项目竣工日期的要求，对各个活动在时间上所作的统一计划。通过规定各项目的施工开工时间、完成时间、施工顺序等，平衡人力、资金、技术、时间等施工资源；在保证施工质量和安全的前提下，使施工活动均衡、有序、连续地进行。

在项目各个不同阶段，需要编制不同的进度计划。在初步设计批准之后，要进行施工总进度计划，以确定整个工程中各扩大单位工程的主要单位工程，以及分部工程与主要临时工程的施工顺序和速度；当工期较长时，还需根据工程分期，编制分期工程进度计划。在技术设计阶段要进行扩大单位工程进度计划，以确定各扩大单项工程中各单位工程及分部工程的施工顺序和工期。

施工总进度计划是施工组织设计的主要组成部分，并与其他部分关系密切，它们相互影响、互为基础。一方面，施工进度安排制约着其他部分的设计，如选择施工导流方案、研究主体工程施工方法、确定现场总体布置、规划场内外交通运输，以及组织技术供应等都要依据进度安排；另一方面，进度计划的安排受以上条件的制约。例如，安排施工总进度计划必须与导流程序相适应，要考虑导流、截流、拦洪、度汛、蓄水、发电等控制环节的施工顺序和速度；要与施工场地布置相协调，要考虑技术供应的可能性与现实性。必须按照选定的施工方法、施工方案所提供的生产能力来决定施工强度。总之，只有处理好施工总进度计划和施工组织设计各组成部分的关系，才能使计划建立在可靠的基础上。

（一）施工总进度计划的编制原则

（1）严格按照竣工投产时间为控制目标，确保工程按期或提前完成。

（2）统筹兼顾，全面安排，主次分明。集中力量，优先保证关键性工程按期完成，并以关键性工程的施工分期和施工程序为主导，协调安排其他单项工程的施工进度，使工程各部分前后兼顾、顺利衔接。

（3）总体先进，又留有余地。从实际出发，在现有的施工力量和技术供应的条件下尽可能选用新技术、新材料、新工艺，优化生产组织和生产工艺流程，力争优质高速施工同时，又要充分认识到水利工程施工过程是极其复杂的，其间可能会出现一些不利因素，对施工计划的执行造成干扰。因此，进度的安排要适当留有余地。尤其对控制性工程的施工，工期安排不能太紧。

（4）重视各项准备工程的施工进度安排，在主体工程开工前，准备工作应基本完成，为主体工程开工创造条件。

（5）把工程质量、工程投资与进度计划的编制结合起来，统一考虑。不能为追求较快的速度而降低施工质量，也不能拖延工期而影响工程效益。

（二）施工总进度的各设计阶段及编制深度

1.可行性研究阶段

根据工程具体条件和施工特性，对拟定的坝址、坝型和水工枢纽布置方案分别进行施工进度的分析与研究，整理施工进度资料，参与方案选择和评价水工枢纽布置方案。在既定方案的基础上，配合拟定并选择导流方案；研究确定主体工程施工分期和施工程序，提出控制性进度表及主要工程的施工强度，初算劳动力高峰时的人数和总工日数。

2.初步设计阶段

根据主管部门对可行性研究报告的审批意见、设计任务书和实际情况的变化，在参与选择和评价枢纽布置方案、施工导流方案的过程中，提出并修改施工控制性进度；对导流建筑物施工、工程截流、基坑抽水、拦洪、后期导流和下闸蓄水等工期要认真计算；对枢纽主体工程的土建、机电、金属结构安装等的施工进度设计要程序合理、均衡施工。

在编制单项工程施工进度的基础上，经综合平衡，进一步调整、完善，确定施工控制性进度并提出施工总进度表，以及施工强度、劳动力需要量和总工日数等资料。

3.技术设计（招标设计）阶段

施工总进度应在初步制订施工总进度计划的基础上，根据本工程设计的最新成果及上级主管部门的最新指示，进一步落实。

在当前主体建设机制改革的情况下，大中型水利工程建设是通过一系列合同（主体工程施工合同、辅助工程施工合同、物资设备采购合同和各种服务性合同等）实施的。这一阶段的特点是提出一个工序衔接合理、责任划分清楚、合同管理方便、经济效益显著的进度安排，其时段应从第一个合同准备工程开始到最终一个合同工程期满，全部工程竣工为止。这一阶段施工总进度仍应按工程筹建期、工程准备期、工程施工期和工程完建期等 4 个阶段进行整体优化，编制网络进度工程项目的总工期、各单项合同的控制工期和相应的施工天数，计算对应施工强度、劳动力、土石方平衡，绘制机械设备需用量曲线图，并根据主要关键控制点，编制简明的施工进度表。

（三）编制施工总进度的具体步骤

在分析研究原始资料的基础上，通常可按下列步骤编制施工总进度。

1.列出工程项目

列出工程项目就是将整个工程中的各单项工程、分部分项工程、各项准备工作、辅助设施、结束工作及工程建设所必需的其他施工项目等一一列出。对一些次要的工程项目也可以进行必要的归并，然后根据这些项目施工的先后顺序和相互联系的密切程度，进行适当的综合排序，依次填入总进度表中。总进度表中工程项目的填写顺序一般是：准备工作列第一项，随后列出导流工程（包括基坑排水）、大坝工程及其他各单项工程，最后列出机电安装、水库清理及结尾工作。

各单项工程中的分部分项工程一般都按它们的施工顺序列出。例如，大坝工程中可列出基坑开挖、坝基处理、坝身填筑、坝顶工程、金属结构安装等。在列工程项目时，最重要的是不能漏项。

2.计算工程量

在列出工程项目后，即依据列出的项目，计算主要建筑物、次要建筑物、准备工作和辅助设施等的工程量。由于设计阶段基本资料详细程度不同，工程量计算的精确程度也不一样。当没有进行各种建筑物详细设计时，可以根据类似工程或概算指标估算工程量。待有了建筑物设计图纸后，应根据图纸和工程性质，考虑工程分期、施工顺序等因素，分别算出工程量。有时根据施工需要，还要算出不同高程、不同桩号的工程量，画出累积曲线，以便分期、分段组织施工。计算工程量通常采用列表方式进行。

3.拟定各项工程的施工进度

这是编制施工总进度的主要工作。在拟定各项工程的施工进度时,一定要抓住关键、合理安排、分清主次、互相配合。要特别注意把与洪水有关、受季节性限制较强的或施工技术复杂的控制性工程的施工进度优先安排好。

对于堤坝式水利工程,其关键工程一般均位于河床,故施工总进度安排应以导流程序为主线,先将导流工程、围堰截流、基坑排水、坝基开挖、基础处理、施工度汛、坝体拦洪、水库蓄水和机组发电等关键性进度安排好,其中还应包括相应的准备工作、结尾工作和辅助工程的进度安排,这样构成整个工程进度计划的轮廓。将不直接受水文条件控制的其他工程项目配合安排,即可拟成整个工程的施工总进度计划草案。必须指出,在初拟控制性进度时,对围堰截流、蓄水发电等一些关键项目,一定要认真分析论证,在技术措施、组织措施等方面都应该得到可靠的保证。不然延误了截流时机或影响了发电计划,将会对整个工期产生巨大的负面影响,最终造成国民经济损失。

4.论证施工强度

在拟定各项工程的进度时,必须根据工程的施工条件和施工方法,对各项工程特别是起控制作用的关键性工程的施工强度进行充分论证,使编制的施工总进度有比较可靠的依据。

论证施工强度一般采用工程类比法,即参考已建的类似工程所达到的施工水平,对比本工程的施工条件,以此来论证进度计划中所拟定的施工强度是否合理可靠。

如果没有类似工程可供对比,则应通过施工设计,从施工方法、施工机械的生产能力、施工的现场布置、施工措施等方面进行论证。

在进行论证时不仅要研究各项工程施工期间所要求达到的平均施工强度,而且还要估计施工期间可能出现的不均衡性。因为,水利工程施工常受到各种自然条件的影响,如水文、气象等条件,因此在整个施工期间要保持均衡施工是比较困难的。

5.编制劳动力、材料、机械设备等需要量

根据拟定的施工总进度和定额指标,计算劳动力、材料、机械设备等需要量并提出相应的计划。这些计划应与器材调配、材料供应、厂家的交货日期相协调。所有材料、设备是否能够均衡供应,这是衡量施工总进度是否完善的一个重要标志。

6.调整和修改

在完成初拟施工进度后，根据对施工强度的论证和劳动力、材料、机械设备等的平衡就可以对初拟的总进度作出评价：它是否切合实际、各项工程之间是否协调、施工强度是否大体均衡，特别是主体工程要大体均衡。如果有不尽完善的地方，要及时进行调整和修改。

在实际工作中，以上总进度的编制具体步骤不能机械地划分，而是要相互联系，多次反复修正，最后才能完成。在施工过程中，随着施工条件的变化，施工总进度还会进行不断地调整和修正，用以指导现场施工。

（四）施工总进度计划的表示方法

工程设计和施工阶段常采用的施工总进度计划的表示方法，包括横道图、工程进度曲线图、工程形象进度图、网络进度计划等。

1.横道图

横道图是传统的进度计划表述形式，一般包括2个基本部分，即左侧的工作名称及工作的持续时间等基本数据部分和右侧的横道线部分。

横道图的优点是形象、直观且易于编制和理解，因而长期以来被广泛应用于建设工程进度控制中。但是，横道图也存在下列缺点：

（1）不能明确反映出各项工作之间错综复杂的相互关系。在计划执行的过程中，当某些工作的进度由于某种原因提前或拖延时，不便于分析其对其他工作及总工期的影响程度，不利于建设工程进度的动态控制。

（2）不能明确地反映出影响工期的关键工作和关键线路，无法反映出整个工程项目的关键所在，不便于进度控制人员抓住主要矛盾。

（3）不能反映出工作所具有的机动时间，看不到计划的潜力，无法进行最合理的组织和指挥。

（4）不能反映工程费用与工期之间的关系，不利于缩短工期和降低成本。

2.工程进度曲线

该方法以时间为横轴，以完成累计工作量为纵轴，按计划时间累计完成任务量的曲线作为预定的进度计划。从整个项目的实施进度来看，由于项目的初期和后期进度比较慢因而进度曲线大体呈 S 形。

按计划时间累计完成任务量的曲线作为预定的进度计划，将工程项目实施过程中各检查时间实际累计完成任务量 S 曲线，也绘制于同一坐标系中，对实际进度与计划进度进行比较。通过比较可以获得如下信息：①实际工程进展速度；②进度超前或拖延的时间；③工程量的完成情况；④后续工程进度预测。

3.工程形象进度图

工程形象进度图是把工程进度计划以建筑物的形象进度来表达的一种方法。这种方法直接将工程项目的进度目标和控制工程标注在工程形象图的相应部位，直观明了，特别适合在施工阶段使用。此法修改调整进度计划也极为方便，只需修改相应项目的日期、进程，而工程形象进度图并不改变。

4.网络进度计划

网络进度计划表示方法有双代号网络图、双代号时标网络图和单代号网络图。

四、施工总布置

施工总布置是施工组织设计的主要组成部分，它以施工总布置图的形式反映拟建的永久建筑物、施工设施及临时设施的布局。施工总布置应充分掌握和综合分析枢纽工程布置，主体建筑物的规模、型式、特点、施工条件，以及工程所在地区的社会、自然条件等因素，合理确定并规划布置施工设施和临时建筑，妥善处理施工场地的内外关系，以保证施工质量、加快施工进度、提高经济效益；将施工布置成果标绘在施工地区的地形图上构成施工总布置图。一般来说，施工总布置图应包含一切地上和地下已有的建筑物与房屋，一切地上和地下拟建的建筑物与房屋，一切为施工服务的临时建筑和临时设施。

(一)施工总布置的原则和基本资料

1.施工总布置的原则

（1）施工临时设施与永久性建筑应考虑相互结合、统一规划的可能性。

（2）确定施工临时设施及其规模时，应研究利用已有企业设施为施工服务的可能性与合理性。

（3）主要施工设施和主要辅助企业的防洪标准应根据工程规模、工期长短、水文特性和损失大小进行分析论证。

（4）场地交通规划必须满足施工需要，适应施工程序、工艺流程；全面协调单项工程、施工企业、地区间交通运输的连接和配合。力求使交通联系简便，运输组织合理，节省工程投资，减少运营费用。

（5）施工总布置应紧凑、合理，节约用地，并尽量利用荒地、滩地、坡地，不占或少占良田。

（6）施工场地布置应避开不良地质区域、文物保护区域。

2.编制施工总布置所需基本资料

（1）当地国民经济现状及其发展规划。

（2）可为施工服务的建筑、修配、运输、加工制造等企业的规模、生产能力及其发展规划。

（3）现有水陆交通运输条件和通过能力，以及近期、远期的发展规划。

（4）水、电及其他动力供应条件。

（5）邻近居民点、市政建设状况和规划

（6）当地建筑材料及生活物资供应情况。

（7）施工现场土地状况和征地有关的问题。

（8）工程所在地区行政区划图、施工现场地形图、主要临时工程剖面图。

（9）施工现场范围内的工程地质与水文地质资料。

（10）河流水文资料、当地气象资料。

（11）规划、设计各有关专业的设计成果及中间资料。

（12）主要工程项目定额、指标、单价、运杂费率等资料。

（13）当地有关部门对工程施工的要求。

（14）施工场地范围内的环境保护和文物保护要求。

（二）影响施工总布置的主要因素

影响施工总布置的因素很多，处理好这些因素的影响是做好施工总布置的基本保证。

1.枢纽组成和布置

枢纽组成和布置直接影响到施工场地的选择、施工场地的组成和布置。坝式水电站枢纽、电站厂房靠近大坝，工程比较集中，所以常在枢纽轴线下游的一岸或两岸建立施工场地。主要的施工场地设在哪一岸，常受电站厂房位置和对外交通道路的影响。引水式水电站枢纽的电站厂房通常离取水枢纽较远，所以施工场地多分设在厂房和首部取水枢纽两处。如果引水建筑物较长，有时还在中间设立辅助的施工场地。工程的组成不同，施工的工厂与辅助设施的组成和布置也不同。以混凝土建筑物为主体的枢纽，在施工总布置中应以混凝土系统为重，围绕它规划布置其他施工的工厂和临时建筑物。以土石建筑物为主体的枢纽，在施工总布置中则应把重点放在土石料场的组织和材料的运输、上坝及堆放。

2.施工的自然条件

施工当地的自然条件对施工总布置的影响也是很大的，其主要包括地形、水文、地质和水文地质及气候条件等。

（1）地形条件

水利枢纽工程的布置和地形条件直接影响到施工场地的布置。如果坝址处地形平坦而开阔，常将施工工厂和临时房屋靠近大坝集中布置，运输线路短，相互联系便利。如果工程位于偏僻的峡谷地区，两岸的地形陡峻，则常沿河流一岸或两岸布置，建筑物和其他设施比较分散，有时为了缩短交通线路，往往不得不利用人工平整的场地来布置各种临时建筑物。

（2）水文条件

水文条件直接影响到水利枢纽工程的施工，自然也与总布置密切相关。一切临时建筑物都应该根据其使用期限和河流水文特性等情况，在分析不同规模的洪水对其危害程度后，确定其布置和高程。施工场地多设在枢纽轴线下游。某些必须布置在上游淹没区的施工工厂或临时设施应考虑洪水淹没对生产的影响及其对策，并应在水库蓄水水位抬高淹没场地前，能够将其全部拆除与转移。当施工场地分别布置在河流两岸时，还应考虑水文条件对两岸交通联系的影响。

（3）地质和水文地质条件

地质和水文地质条件对施工总布置的影响反映在施工导流建筑物的布置、骨料或土石料厂的选择、运输线路的定线、施工工厂和临时建筑物的布置及工地临时供水系统的设计等方面。应根据地基的承载能力、地下水水位和建筑物的荷载大小来决定施工工厂和其他临时建筑物的布置。当以地下水作为工地供水的水源时，对地下水的水位、水量、水质等均应进行专门研究。

（4）气候条件

施工地气候条件对总布置的影响主要反映在与主体工程施工有关的附属设施上。例如，混凝土工程夏季施工是否需要防暑，冬季施工是否需要保温防寒，土石坝在雨季施工时土料含水量的控制等。风向、风速对施工工厂与居住区布置的相对位置有重大影响。此外，雨季会使没有硬化的道路湿滑，造成运输材料的困难；其他施工工厂和仓库能否采用露天式也取决于当地的气候条件。

3.交通运输条件及当地社会经济状况

施工总布置的主要内容之一就是要解决运输问题。运输条件影响着施工场地的选择和临时建筑物的布置。一般常以运输线路引入的一岸作为主要的施工场地，以便于场内外运输线路的衔接。运输费用的多少是衡量施工总布置合理与否的重要指标。至于当地的社会经济状况，主要影响到总布置的项目组成及其规模，同时也会影响到各种临时房屋建筑。为了当地的社会经济发展，还要适当结合当地的城镇规划方案设置各种临时生活福利设施，以便后期使用。

4.导流程序和施工进度安排

施工总布置的主要任务虽然是解决空间组织问题，但是这一任务的解决与导流程序和施工进度安排是分不开的。施工总布置必须反映分期施工的特点，即施工工厂的生产规模应与施工进度相适应，施工人员的数量则影响着各类房屋面积的确定。

5.施工方法和生产工艺要求

不同的施工方法和生产工艺需要不同的大型设备和临时设施，当然其布置也就不同。

施工方法和生产工艺水平的高低不仅影响着施工场地与施工工厂占地面积大小，而且也影响着它们之间的相互布置关系及场内运输费用大小。

6.防火与环境保护要求

施工布置时各建筑物间的最小间隔由火灾的危险程度和建筑物的耐火性所决定。危险品仓库应远离施工现场和生活区，并应规定安全警戒范围。各施工工厂的废气、污水、粉尘、噪声等均应符合专门的环保规定，否则必须采取相应的处理措施。

（三）施工总布置的步骤

施工总布置的步骤如下所述：

（1）收集、分析、整理资料。

（2）编制临时建筑工程项目单及确定规模。

（3）施工总布置规划。

（4）分区布置。

（5）场内交通规划布置。

（6）方案比较。

（7）修改完善施工总布置并编写文字说明。

（四）施工总布置的主要内容

1.施工交通运输

施工交通运输方案的选择是场内临时建筑物和工程设施布置的基础条件，正确解决施工运输问题对保证工程顺利实施和节约工程投资都具有重要意义。在施工组织设计中施工交通运输方案的主要内容有：选定场内外交通运输方案，确定场内交通与对外交通的衔接方式；确定转运站场、码头等设施的规模和布置，选定重大件设备的运输方式，布置场内主要交通运输道路；确定场内外交通运输的技术标准及主要建筑物的布置和结构型式，委托铁路运输专业设计的有关工作；选择施工期间的过坝交通运输方案；各方案的技术经济指标和主要运输设备需要量；各选定方案的施工工期、工程量，以及所需设备、材料和劳动力。

施工交通运输分对外交通与场内交通两部分。对外交通是指从工地车站、码头沿专用交通线路与场外交通干线相连接的交通运输，其主要担负施工期外来物资的运输任务；场内交通是指工地范围内各施工、各分区或单位之间的交通运输，其主要负责将材料半成品等物资送到建筑安装地点。

（1）对外交通

对外运输方式的选择主要依赖于施工地原有的交通运输条件、建筑器材运输量、运输强度和重型器材的重量等因素。对外交通最常见的方式是铁路、水路和公路。当施工地同时存在公路、铁路、水路等多种运输方式时，应从运输距离、综合运费、安全等方面加以选择，最终选定相对最为经济安全的运输方式。由于公路运输方便、灵活、可靠、适应性强，可以单独承受施工期的高峰运输强度及承担重大件运输任务，而且工程量小、工期短因而在枢纽工程施工中使用最多。现行规范建议，在其他条件相同时，对外交通一般宜优先采用公路运输方式。当铁路网距工地较近、运输量较大、施工场地较为平坦或梯级开发能够综合利用时，经技术经济比较论证后也可采用铁路运输方式。

水利工程在河道上修建，如果该河段水量较大、水位相对比较稳定，可优先考虑水路运输；如果为山区河流，流量水位受季节性影响较大，则应首先考虑公路运输。统计资料表明，当地材料坝枢纽工程的对外交通采用公路方式较多，而大中型混凝土坝枢纽工程采用标准轨道方式较为适宜。

（2）场内交通

场内交通也是总体布置的重要组成部分。它主要解决外来器材、物资的转运，以及场内施工材料或者构件、成品及半成品在工地范围内各单位之间的运输，如将砂石骨料从筛分厂运到混凝土工厂，将混凝土从拌和楼送到大坝或电站厂房工区等就属于典型的场内运输。场内交通方式多种多样，通常有自卸汽车、皮带传送机和架子车等。场内交通线路的选择主要取决于物料的运输量、运输强度、运输材料特点和施工工艺流程。例如，混凝土运输，当拌和楼距浇筑点远时，采用自卸汽车运输方式；当距离近且具有较好的场地条件时，可采用皮带传送机或混凝土泵运输。除选择适当的运输方式外，合理规划场内交通线路也是非常重要的。因为，场内交通线路的布置不仅影响到施工运输是否存在交叉干扰，是否会造成施工效率下降，而且直接影响到场内所有临时设施的布置。水利工程施工场内运输线路比较复杂，在进行场内交通线路布置时，应注意以下几点：

①尽量减少物料的转运次数，将对外运输专用线运到工地的物料直接送到需用地点。

②尽量减少物料的提升次数，充分利用有利地形使物料自行降落。适于一次提升的不要分级提升。

③根据地形、地质条件，尽可能缩短运输线路长度，避免采用工程量大或费用高的

附属工程，避免主要交通干线平面交叉等。

④重视道路施工质量，确保施工运输线路畅通安全。要合理选择线路，避免坡度过陡、转弯过急的路段，路面必须要有足够的宽度和平整度。只有这样才能保证运输能力提高和运输设备消耗减小。

2.施工辅助企业

施工辅助企业是指所有在施工现场为主体工程的施工生产提供服务的工厂设施。水利工程施工辅助企业包括骨料加工厂、砂石料厂、混凝土拌和厂、钢筋加工厂、预制构件厂、机械修配厂，风、水、电系统，通信系统等。建立施工辅助企业的任务是供应主体工程施工所需的各种建筑材料，供应施工所需的水、电、风，建立工地内外通信联系，维修和保养施工设备，加工制作金属结构，使工程施工能顺利进行。

施工辅助企业设计的方法：根据主体工程对材料设备的需求，确定辅助企业的设计生产能力；拟定生产工艺流程，选择设备并进行平面及立面布置；最后确定厂房的占地面积和建筑面积。

施工辅助企业是为主体工程施工服务的，其布置必须有利于主体工程的施工且符合经济生产的要求。凡与施工项目关系密切的辅助企业，宜集中布置在场内交通干线两侧并尽量靠近使用地点，以缩短运距。生产线布置应符合流水作业要求，避免设备器材的逆流、迂回现象。施工工厂的占地面积及生产规模应能满足主体工程施工的需要，并注意与施工总进度安排相协调。应尽量减少工厂占地面积和建筑工程量，各企业的位置及间距、生产区与生活区之间的距离应满足防火、安全、卫生和环保要求。为了有效降低施工辅助企业的建设成本和运行费用，在确定施工企业组成及生产规模时，应充分研究利用当地工矿企业进行生产和技术协作的可能性和合理性。

3.施工仓库

为了保存和供应工程施工所需的各种物资、器材和设备，必须设立临时仓库。按其作用和位置的不同，施工仓库可分为设在车站码头起临时保管作用的转运仓库；设在工地为整个工程服务的中心仓库；服务于一个工区的工区仓库；用来存放某企业的原材料和成品或半成品的辅助企业仓库。按物资存放要求的不同，仓库可分为露天式、敞篷式和库房：凡不怕风吹雨淋的材料均可存放在露天仓库；钢筋、木材、机械设备等宜存放在敞篷仓库内；易受天气影响的物品应放在库房内；易燃易爆危险品一般存放于远离施工中心区域的地下仓库内。组织施工时，应尽可能按照施工进度计划采购相关材料，尽可能减少材料的库存量、减少资金长期积压和浪费，并减少仓库建筑面积。

4.临时房屋建筑

水利工程一般都建在偏僻的山区，需用的劳动力较多，工期也较长，因此为了方便工人工作和生活，必须修建一些工地临时办公与生活用房。

在规划修建临时房屋时，应尽可能减少临时房屋的建筑面积和造价。有条件时应利用施工地附近城镇的房屋和生活设施；若有配套的永久性房屋，可提前征用并作为施工管理用的办公室或生活用房；也可采用装配式的活动房屋，工程完工后可转到其他施工地或其他工程继续使用；对于不能拆卸的临时房屋应尽量采用当地材料修建。

5.水、电、风供应系统

（1）施工用水

施工用水的主要任务在于保证生产、生活、消防等对水质、水量和水压要求。生产用水是指完成混凝土工程、土石方工程等所需要的用水量，以及施工机械、施工工程设施和动力设备等所消耗的水量。生活用水是指工地职工和家属在家庭、食堂、浴室和医疗机构等地的需水量。生产和生活用水量可按供水工程规范中单位消耗水量标准计算。消防用水包括施工现场消防用水和居住区消防用水，施工现场消防用水的需水量与施工现场面积大小有关。施工用水量应满足不同时期日高峰生产用水与生活用水的需要，并按消防用水量进行校核。施工水源有两类：地表水和地下水。前者是指江河、湖泊、池塘及水库的水，地表水的硬度低，水体较为浑浊，有机物和细菌含量比较多；后者则相反。地表水水质较差，但水量充沛，多用作生产用水，地下水则一般用于生活用水。

根据水质、水量及工地布置情况，供水系统可采用集中供水和分区供水两种方式。水利工程施工用水点分散布置，因此常采用分区供水方式。供水系统包括取水构筑物、输水管道和水塔、高位水池等调节建筑物。在布置供水系统时，应尽量缩短管线长度，降低水头损失。水利工程中，一般均利用有利地形在两岸山头平坦处布置若干高位水池来满足用户水管出口压力的要求。

（2）施工用电

施工用电包括室内外照明、机械用电和特殊用电等。

施工用电一般在工地设临时发电站供电。当工地附近有高压线路通过时，也可利用电网供电。

工地内的供电网与变电站的布置应通过技术经济比较确定。经常移动的大型机械可用移动式变压站，供电网一般成树状布置。在特别重要的位置布置网状以提高供电的可靠性。

（3）施工用风

施工用风包括风动工具用风、风力输送用风和其他用风等。

供风系统由空压机和供风管道组成。为了控制风压损失，输风管道不宜过长，空压机离用风点的距离不能太远，一般应控制在 700m 以内。

第二节 水利工程单位工程施工组织设计

一、单位工程施工组织设计概述

（一）以单位工程施工组织设计的含义

一个工程从大到小可以分为工程项目、单项工程、单位工程。单位工程是指具有单独设计和独立施工条件，但不能独立发挥生产能力或效益的工程，它是单项工程的组成部分。例如，水库枢纽工程的大坝工程、溢洪道工程、输水洞工程、发电系统等。

单位工程施工组织设计是进行单位工程施工组织的文件，是计划书也是指导书。单位工程施工组织设计相当于一个工程的战略计划，是宏观定性的、体现指导性和原则性的，是将建筑物的蓝图转化为实物的总文件，其内容包含施工全过程的部署、选定技术方案、进度计划及相关资源计划安排、各种组织保障措施。单位工程施工组织设计是对项目施工全过程的管理性文件。

施工组织总设计是解决全局性的问题，而单位工程施工组织设计则是针对具体工程解决具体的问题，也就是针对一个拟建单位工程，从施工准备工作到整个施工的全过程进行规划，实行科学管理和文明施工，使投入到施工中的人力、物力、财力及技术力量得到最大限度的发挥，从而使施工能有条不紊地进行，从而实现项目的质量、工期和成本目标。

（二）单位工程施工组织设计的作用和编制依据

第一，单位工程施工组织设计的作用。

（1）详细安排施工准备工作。其体现在熟悉施工图纸，了解施工环境、准备施工设备、布置现场、落实施工条件、组建施工项目机构、准备购买各种施工材料等。

（2）对项目施工过程中技术管理做出具体安排。其体现在结合工程特点提出切实可行的施工方案和技术手段，各个分部分项工程的先后施工顺序和交叉搭接，准备各种新技术和复杂施工方法，确定施工方案、施工总体布置、施工进度计划等。

第二，单位工程施工组织设计的编制原则。

（1）全面响应原则。全面响应原则是对招标文件的全部内容的全面响应，而不是有的响应、有的不响应，也不能单方面修改。

（2）技术可行性原则。根据招标项目的具体情况及招标文件给定的施工条件，投标时编制的施工组织设计必须是技术上可行，质量、进度、安全等保证达到标书的要求。技术上的可行包括施工组织设计中选定的施工方案、施工方法必须是可行的，符合当时的施工水平、设备水平；所采用的施工平面布置是合理的；资源供给达到相对平衡合理；经过努力可以达到目标要求。施工组织设计中的技术上可行是中标的前提。

第三，单位工程施工组织设计的编写依据。

单位工程施工组织设计编写的主要依据是设计阶段的施工组织总设计、招标文件。

（1）设计阶段的施工组织总设计。单位工程一般是一个项目的组成部分，有单独的设计，可以组织单独的施工；竣工后不能单独发挥效益的工程部分，是招标的一个标段的工程。所以该段的施工组织计划必须按照设计阶段的施工组织总设计的各项指标和任务要求进行编制，如进度计划的安排应符合总设计的要求。

（2）招标文件。招标阶段的施工组织计划，其主要目的是投标、中标。要想达到中标的目的，就必须响应招标文件所提出的施工布置，进度要求、质量要求必须符合招标文件的具体要求，否则就不是响应招标文件，就不能中标，施工组织设计也只是空谈。所以招标文件是该阶段施工组织设计的主要依据。

（3）工程所在地的气象资料。例如，施工期间的最高气温、最低气温及持续时间，以及雨季降雨量等。

（4）施工现场条件和地质勘查资料。例如，施工现场的地形、地貌、地上与地下障碍物，以及水文地质、交通运输道路、施工现场可占用的场地面积等

（5）施工图及设计单位对施工的要求，包括单位工程的全部施工图样、会审记录和相关标准图等有关设计资料。

（6）本工程的资源供应情况，包括施工所需劳动力，各专业工种人数，材料、构件等半成品的来源，运输条件，机械设备的配备及生产能力等。

（7）本项目相关的技术资料，包括标准图集、地区定额手册、国家操作规定及相关的施工与验收规定、施工手册等，同时包括企业相关的经验资料、企业定额等。

（三）单位工程施工组织设计的内容

单位工程施工组织设计的内容应根据工程性质、规模、结构特点和复杂程度、施工现场的自然条件、工期要求、采用先进技术的程度、施工单位的技术力量，以及对采用新技术的熟悉程度来确定。其内容、深度和广度的要求不同，在编制时应从实际出发，确定各种生产要素，如材料、机械、资金、劳动力等，使其真正起到指导现场施工的作用。单位工程施工组织设计一般包含以下内容：

（1）工程概况和工程特点分析，包括工程的位置、施工面积、结构型式、施工特点及施工要求等。

（2）施工准备工作计划，包括进场条件、劳动力、材料、机械设备的准备及使用计划，"四通一平"的具体安排，预制构件的施工，特殊材料的订货等。

（3）施工方案的选择，包括流水段的划分，主要项目的施工顺序和施工方法，劳动组织及有关技术措施等。

（4）各种资源需要量计划，包括劳动力、材料、构件、机具等。

（5）现场施工平面布置图，包括各种材料、构件、半成品的堆放位置，水、电管线的布置，机械位置及各种临时设施的布局等。

（6）对工程质量、安全施工、降低成本及文明施工的技术组织措施。

（7）冬（雨）季施工保障措施。

（8）其他各项技术经济指标。

单位工程施工组织设计各项内容中，劳动力、材料、构件和机械设备等需要量计划、施工准备工作计划、施工现场平面布置图等是指导施工准备工作、为施工创造物质基础的技术条件。施工方案和进度计划则主要指导施工过程的进行，是规划整个施工活动的文件。工程能否按期完成或提前交工主要取决于施工进度计划的安排，而施工进度计划的制定又必须以施工准备、场地条件、劳动力、机械设备、材料的供应能力和施工技术水平等因素为基础。反过来，各项施工准备工作的规模和进度、施工平面图的分期布置、项目各种可行性研究计划等又必须以施工进度计划为依据。因此，在编制施工进度计划时，应抓住关键环节，同时处理好各方面的相互关系，重点编好施工方案、施工进度计划和施工平面布置图，即通常所称的"一图一案一表"。抓住三个重点，突出"技术、时间和空间"三大要素，其他问题就会迎刃而解。

（四）单位工程施工组织设计的编制程序

单位工程施工组织设计的编制程序是指单位工程施工组织设计各个组成部分的先后顺序及相互制约的关系。主要的程序有以下几方面：

1.计算工程量

项目技术负责人必须组织计算工程预算中的工程量。工程量计算准确才能保证劳动力和资源需要量计算的准确及分层分段流水作业的合理组织，故工程必须根据图纸和较为准确的定额资料进行计算。如工程的分层分段按流水作业方法施工时，工程量也应按相应的分层分段计算。

2.确定施工方案

如果施工组织总设计已有规定，则该项工作的任务就是进一步具体化，否则应全面加以考虑。需要特别加以研究的是主要分部、分项工程的施工方法和施工机械的选择。因为，它对整个单位工程的施工具有决定性的作用。具体施工顺序的安排和流水段的划分也是需要考虑的重点。

3.组织流水作业，确定施工进度，根据流水作业的基本原理

按照工期要求、工作面的情况、工程结构对分层分段的影响及其他因素，组织流水作业，决定劳动力和机械的具体需要量及各工序的作业时间，制订网络计划，并按工作日安排施工进度。

4.计算各种资源的需求量和确定供应计划

依据采用的劳动定额、工程量及进度可以决定劳动量（以工日为单位）和每日的工人需要量。依据有关定额、工程量及进度，就可以确定材料和加工预制品的主要种类、数量及其供应计划。

5.平衡劳动力、材料物资和施工机械的需求量

平衡劳动力、材料物资和施工机械的需要量，并修正进度计划根据对劳动力和材料物资的计算就可绘制出相应的曲线以检查其平衡状况。如果发现有过大的高峰或低谷，即应将进度计划进行适当的调整与修改，使其尽可能趋于平衡，以便使劳动力的利用和物资的供应更为合理。

6.设计施工平面图

施工平面图应使生产要素在空间上的位置合理、互不干扰，能加快施工进度。

二、工程概况与施工条件分析

（一）工程概况介绍

单位工程施工组织设计中的工程概况是对拟建工程的工程特点、建设地点特征和施工条件等所作的简单而又突出重点的文字介绍或描述。单位工程施工组织设计是根据招标文件提供的工程概况进行编制和分析的。一般情况下，招标文件提供的工程概况并不详细，还需通过对相关的建设单位进行深入细致的调查，包括自然情况、社会经济情况及工程情况等。

单位工程施工组织设计应对工程的基本情况如建设单位、设计单位、监理单位、结构类型、造价等内容做简单的说明，使人一目了然。这些情况也可以做成工程概况表的

形式。工程概况中要针对工程特点，结合调查资料进行分析研究，找出关键性的问题并加以说明。对新材料、新结构、新工艺及施工的难点应做重点说明。具体包括以下内容：

（1）工程建设概况：主要说明拟建工程的建设单位、工程名称、性质、作用、建设目的、资金来源及投资额、开（竣）工时间、设计单位、监理单位、施工单位、施工图纸情况、施工合同、主管部门的有关文件或要求，以及组织施工的指导思想等。

（2）施工特点：主要介绍施工的重点所在。不同类型的建设项目、不同条件下的工程施工均有其不同的施工特点。

（3）工作内容：主要包括工作的具体内容，介绍施工范围、具体原因、开发目标、解决问题等。

（4）结构设计：说明结构型式及布置、建筑物基本资料、结构构件尺寸，涉及细部构造尺寸也可以以附图的形式体现。

（5）主要工程量：介绍主要工程或临时工程的施工量，如土方开挖量、混凝土浇筑量等。

（二）施工条件分析

1.施工现场条件

单位工程施工组织设计应根据工程规模、现场条件确定。施工现场条件在施工组织设计中应简要介绍和分析施工现场的施工导流与水流控制，包括围堰的情况（标准、度汛等），建筑物的基坑排水情况，施工现场的"四通一平"情况，拟建工程的位置地形、地质、地貌、水质、拆迁、移民、障碍物清除及地下水位等情况，周边建筑物及施工现场周边的人文环境等。不了解、不分析这些情况，会影响施工组织设计与施工管理方案的制定。

2.气象资料分析

应对施工项目所在地的气象资料进行全面的收集与分析，如当地最低气温、最高气温及持续时间，冬（雨）季施工的起止时间和主导风向等。特别是土方施工的项目应对雨天的频率进行分析计算，以满足施工要求。这些因素应调查清楚并纳入施工组织设计的内容中，为制定施工方案和措施提供资料。只有分析好这些气象资料，才能更好地制定施工方案、完成施工任务，使施工风险损失降低。

3.其他资料的调查分析

调查工程所在地的原材料、劳动力、机械设备、半成品等的供应及价格情况，水、电、风等动力的供应情况，交通运输条件，当地可利用施工临时设施的情况，业主可以提供的临时设施及当地其他资源条件等。以上这些资源情况直接影响到项目的施工管理、施工方案及完成施工任务的进度等。

三、施工方案的选择

（一）施工顺序的确定

1.考虑的因素

施工顺序是指各项工程之间或施工过程之间的先后次序。施工顺序应根据实际的工程施工条件和采用的施工方法来确定，没有固定不变的顺序，但这并不等于施工顺序是可以随意改变的。确定施工顺序时既要考虑施工的客观规律、工艺顺序，又要考虑各工种。施工方法和施工机械的选择在时间上与空间上紧密衔接，从而在保证质量的基础上充分利用工作面，争取施工时间；制定主要技术措施，缩短工期，取得较好的经济效益。水利工程施工顺序既有其一般性，也有其特殊性。因此，确定施工顺序应考虑以下因素：

（1）施工程序：施工顺序应在不违背施工程序的前提下确定。

（2）施工工艺：施工顺序应与施工工艺顺序相一致，如浇筑钢筋混凝土梁的施工顺序为支模板→绑扎钢筋→浇混凝土→养护→拆模板。

（3）施工方法和施工机械：不同的施工方法和施工机械会使施工过程的先后顺序有所不同。例如，修筑堤防工程可采用推土机推土上堤、铲运机运土上堤、装/自卸汽车运土上堤，三种不同的施工机械有着不同的施工方法和不同的施工顺序。

（4）工期和施工组织：施工工期要求施工项目尽快完成时，应多考虑平行施工和流水施工作业

（5）施工质量：如基础回填土在砌体达到必需的强度后才能开始，否则砌体的质量会受到影响。

（6）气候特点：不同地区的气候特点不同，安排施工顺序应考虑气候特点对工程的

影响。例如，土方工程施工应避开雨季、冬季，以免基础被雨水浸泡或遇到地表水而造成基坑开挖困难，防止冻害对土料压实造成困难。

（7）施工安全：确定施工顺序时应确保施工安全，不能因抢工程进度而导致安全事故，如需要注意常见的边坡失稳问题等。水利工程尤其是水电工程多位于山区，高边坡较多，失稳后对工人营地、基坑等冲击易造成事故，所以要在施工过程中注意边坡支护。

2.砌体工程及施工顺序

砌体工程包括护坡、泵站、拦河闸、排水沟、渠道等建筑的浆砌石、干砌石、小骨料混凝土砌石体和房建工程的砌砖等工程。其可划分为基础施工和主体施工两部分。一般的施工顺序为地基开挖→做垫层→砌基础→回填土→砌主体。

（1）基础施工顺序

基础工程的施工顺序：挖基础→做垫层→基础施工→回填土，若有桩基，则在开挖前应进行桩基施工。

基础开挖完成后应立即验槽做垫层，基础开挖时间间隔不能太长，以防止地基土长期暴露，被雨水浸泡而影响其承载力，即所说的"抢基础"。在实际施工中，若由于技术或组织上的原因不能立即验槽做垫层和抢基础，则在开挖时可留 20~30cm 一层土不挖，待下道工序开始再挖至设计标高，以保护基土；待有条件进行下一步施工时，再挖去预留的土层。

对于回填土工序，由于对后续工序的施工影响不大，可视施工条件灵活安排，原则上是在基础工程完工后一次性分层夯填完毕，可以为主体结构工程阶段施工创造良好的工作条件；特别是在基础比较深、回填土量比较大的情况下，回填土最好在砌筑主体前填完；在工期紧张的情况下，也可以与砌筑主体平行施工。

（2）主体结构工程施工顺序

砌筑结构主体施工的主要工序就是砌筑实体，整个施工过程主要有搭脚手架、砌筑安装止水带及沉降缝等工序。砌筑工程可以组织流水施工，使主导工序能连续进行。主体结构砌筑的施工顺序为抄平、放线、立皮数杆、试摆、挂线、砌筑、勾缝。

3.钢筋混凝土工程施工顺序

钢筋混凝土工程包括护坡、泵站、拦河闸、挡土墙、涵洞等永久工程，以及施工导流工程中的混凝土、钢筋混凝土、预制混凝土和水下混凝土等混凝土工程。混凝土工程包括 3 个分项工程，即钢筋工程、模板工程、混凝土工程。

（1）钢筋工程

钢筋的制备加工，包括调直、除锈、配料、画线、切断、弯曲、焊接与绑扎、冷加工处理（冷拉、冷拔、冷轧）等。

调直和除锈：盘条状的细钢筋通过绞车绞拉调直后方可使用。直线状的粗钢筋发生弯曲时需用弯筋机调直；直径在 25mm 以下的钢筋可在工作台上手工调直。去锈的方法有多种，可借助钢丝刷或砂堆手工除锈，也可用风砂枪或电动除锈机除锈，还可用酸洗法除锈。新出厂的或保管良好的钢筋一般不需除锈。采用闪光对焊的钢筋，其接头处则要用除锈机除锈。

配料与画线：钢筋配料是指施工单位根据钢筋结构图计算出各种形状钢筋的直线下料长度、总根数及钢筋总重量，从而编制钢筋配料单作为备料加工的依据。画线是指按照配料单上标明的下料长度，用粉笔或石笔在钢筋应剪切的部位进行勾画的工序。在计算下料长度时，必须扣除钢筋度量差值，度量差值的大小与转角大小、钢筋直径及转弯内径有关，其公式是：

下料长度=各段外包尺寸之和－度量差值+两端弯钩增长值。每个弯钩增长值视加工方式而定，采用人工弯曲时为 6.25d，用机械弯曲时为 5 d。

切断与弯曲：钢筋切断有手工切断、剪切机剪断等方式。钢筋的弯曲包括画线、试弯、弯曲成型等工序。钢筋弯曲分手工弯曲和机械弯曲两种，但手工弯制只能弯制直径为 20mm 的钢筋。

焊接与绑扎：水利工程中钢筋焊接常采用闪光对焊、电弧焊、电阻点焊和电渣压力焊等方法，有时也用埋弧压力焊。绑扎应按已画好的箍筋位置线，将已套好箍筋往上移动，由上往下绑扎；宜采用缠扣绑扎。

冷加工处理：钢筋冷加工是指在常温下对钢筋施加一个高于屈服点强度的外力，使钢筋产生变形；当外力去除后，钢筋因改变了内部晶体结构的排列而产生永久变形；经过一段时间之后，钢筋的强度得到较大的提高。钢筋冷加工处理的目的在于提高钢筋强度和节约钢材用量。

钢筋冷加工的方法有 3 种：冷拉、冷拔和冷轧。

钢筋的安装：可采用散装和整装两种方式。散装是将加工成型的单根钢筋运到工作面，按设计图纸绑扎或电焊成型，散装的运输要求相对较低，中小型工程用得较多。整装则是将地面上加工好的钢筋网片或钢筋骨架吊运至工作面进行安装。水利工程钢筋的规格及形状一般没有统一的定型，所以有时很难采用整装的办法，但为了加快施工进度也可采用半整装半散装相结合的办法，即在地面上不能完全加工成整装的部分待吊运至工作面时再完成，以加快施工进度。

（2）模板工程

模板通常由面板、加劲体和支撑体(支撑架或钢架和锚固件）3部分组成，有时模板还附有行走部件。目前，国内常用的模板面板有标准木模板、组合钢模板、混合式大型整装模板和竹胶模板等。

模板按材质可分为钢模板、木模板、钢木组合模板、混凝土或钢筋混凝土模板，按使用特点可分为固定模板、拆移模板、移动模板和滑升模板，按形状可分为平面模板和曲面模板，按接受力条件可分为承重模板和非承重模板，按支承受力方式可分为简支模板、悬模板和半悬臂模板。

模板的主要作用是使混凝土按设计要求成型，承受混凝土水平作用力、垂直作用力及施工荷载，改善混凝土硬化条件。水利工程对模板的技术要求是：形式简便，安装、拆卸方便；拼装紧密，支撑牢靠稳固；成型准确，表面平整光滑；经济适用，周转使用率高；结构坚固，强度、刚度足够。

（3）混凝土工程

混凝土工程的施工顺序包括浇筑、振捣、养护等。

①浇筑：在混凝土开仓浇筑前，要对浇筑仓位进行统筹安排，以便井然有序地进行混凝土浇筑。在安排浇筑仓位时，必须考虑的问题有便于开展流水作业，避免在施工过程中产生相互干扰，尽可能地减少混凝土模板的用量，加大混凝土浇筑块的散热面积，尽量减少地基的不均匀沉陷。

水利工程建设的实践表明水工建筑物的构造比较复杂，混凝土的分块尺寸普遍较大，对混凝土温度控制的要求相当严格，土建工程与安装工程的目标一致性尤为突出。因此，工程界对于各浇筑仓位施工顺序的安排都极为重视，比较成熟的浇筑程序有对角浇筑、跳仓浇筑、错缝浇筑和对称浇筑。

②振捣：振捣的目的是使混凝土获得最大的密实性，这是保证混凝土质量和各项技

术指标的关键工序和根本措施。混凝土振捣的设备有多种，在施工现场使用的振捣设备有内部振捣器、表面振捣器和附着式振捣器，使用最多的是内部振捣器。内部振捣器又分为电动式振捣器、风动式振捣器和液压式振捣器。大型水利工程中普遍采用的是强力成组振捣器。表面振捣器只适合薄层混凝土使用，如路面、大坝顶面、护坦表面、渠道衬砌等。附着式振捣器只适合用于结构尺寸较小而配筋密集的混凝土构件，如柱、墙壁等。在混凝土构件预制厂，多用振动台进行工厂化生产。振捣器的振动效果相当明显，在振捣器小振幅（1.1~2mm）和高频率（5000~12000r/min）的振动作用下，混凝土拌和物的内摩擦力显著减小，流动性明显增强，骨料在重力作用下因滑移而排列紧密，砂浆流淌填满空隙的同时气泡逸出，从而使浇筑仓内的混凝土趋于密实，并加强混凝土与钢筋的紧密结合。如果混凝土拌和物振捣已经充分，则会出现混凝土中粗骨料停止下沉、气泡不再上升、表面平坦泛浆的现象。判断已经硬化成型的混凝土是否密实，应通过钻孔压水试验。

③养护：养护就是在混凝土浇筑完毕后的一段时间内保持适当的温度和足够的湿度，形成良好的混凝土硬化条件。养护可分为洒水养护和养护剂养护两种方法。洒水养护就是在混凝土表面覆盖草袋或麻袋，并用带有多孔的水管不间断地洒水。养护剂养护就是在混凝土表面喷一层养护剂，待其干燥成膜后再覆盖上保温材料。混凝土应在浇筑完毕后 6~18h 内开始洒水养护，低塑性混凝土应在浇筑完毕后先进行喷雾养护并及早开始洒水养护。混凝土应连续养护，养护期内始终保持混凝土表面的湿润，养护持续期应符合《水工混凝土施工规范》（SL 677-2014）的要求，一般不少于 28d，有特殊要求的部位宜适当延长养护时间。

4.土方工程施工顺序

在水利工程建设中，土方工程施工应用非常广泛。有些水工建筑物，如土坝、土堤、土渠等几乎全部是土方工程。我国约 80% 的大型水库是土石坝。土方工程的基本施工顺序是开挖、运输和填筑。

（1）开挖：从开挖手段上可分为人工开挖、机械开挖、爆破开挖和水力开挖。开挖前应对施工地段进行测量放线，确定开挖边界和开挖范围，并核实地面标高；应先做好坡顶截水沟，防止雨水冲刷已开挖好的坡面，并和设计图纸上标明的排水沟位置一致。截水沟应和周围的原有沟渠相连，防止冲刷和水土流失。土方开挖必须遵循自上而下的顺序，禁止掏底开挖。土方开挖无论开挖工程量和开挖深度大小，均应自上而下进行，不得欠挖、超挖，严禁爆破施工和掏洞取土。挖掘机开挖高边坡采取台阶法开挖时，一般要求要开挖平台宽 1.5~2.0m，以保证挖掘机挖斗回旋弧线和坡面基本一致，防止回旋弧度过大而挖伤坡面；要求机械开挖出的坡面距设计要求的坡面位置预留 10~20cm 进行人工刷坡，保证坡面大体平整。

（2）运输：土方工程中，土方运输的费用占土方工程总费用的 60%~80%，因此确定合理的运输方案，进行合理的运输布置，这对降低土方工程造价具有重要意义。土方运输的特点是：运输线路多是临时性的，变化较大；几乎全是单向运输，运输距离较短；运输量和运输强度较大。土方运输分为人工运输和机械运输，大型工程中主要是机械运输。机械运输的类型有无轨运输、有轨运输、带式运输等。

（3）填筑：土方运至填筑工作面后，分层卸料、铺散，分层进行碾压。事先做好规划，将填筑工作面分成若干作业区，有的区料铺散、有的区碾压、有的区进行质量检验，平行流水作业。这样既可保证填筑面平起，减少不必要的填土接缝，又可提高效率。每层填料厚度都有严格的规定。在填筑工作面上，按规定厚度将土方散开铺平后，用压实机进行压实，减少孔隙、增加容重。压实是保证土石方填筑质量的最后一道工序，压实费用一般只占土石方填筑总造价的 10%~15%。压实的质量直接影响着工程质量。

（二）施工方法的确定

1.施工方法的确定原则

（1）具有针对性。在确定某个分部分项工程的施工方法时，应结合本分项工程的实际情况来确定，不能泛泛而谈，如模板工程应结合本分项工程的特点来确定其模板的组合、支撑及加固方案，画出相应的模板安装图，不能仅仅按施工规范决定安装要求。

（2）体现先进性、经济性和适用性。选择某个具体的施工方法（工艺）首先应考虑其先进性，保证施工质量。同时在保证质量的前提下，还应考虑到该方法是否经济和适用，并对不同的方法进行经济评价。

（3）保障性措施应落实。在拟定施工方法时不仅要拟定操作过程和方法，而且要提出质量要求并拟定相应的质量保障措施和施工安全措施，以及其他可能出现的情况的预防和应对措施。

2.施工方法的选择

不同工种的施工方法应注意包含相应内容。

（1）土石方工程

计算土石方工程量，确定开挖或爆破方法，选择相应的施工机械。当采用人工开挖时应按工期要求确定劳动力数量并确定分区分段施工；当采用机械开挖时应选择机械挖土的方式，确定挖掘机型号、数量和线路，以充分利用机械能力达到最高的挖土效率。地形复杂的地区进行场地平整时，确定土石方调配方案。基坑深度低于地下水位时应选择合适的降低地下水位的方法，如排水沟、集水井或井点降水。当基坑较深时，应根据土的类别确定边坡坡度及土壁支护方法，确定土壁边坡的放坡系数或土壁支护形式及打桩方法，以确保安全施工。

（2）基础工程

基础需设施工缝时，应明确留设施工缝的位置和技术要求；确定浅基础的垫层、混凝土和钢筋混凝土基础施工的技术要求，当地下水埋深不能满足施工要求且需要进行降水时，应确定降水方法和技术要求；确定桩基础的施工方法和施工机械，以及灌注桩的施工方法。

（3）砌筑工程

砌筑工程应明确砖墙的砌筑工艺和质量要求，明确砌筑施工中的流水分段和劳动力组合形式，确定脚手架搭设方法和技术要求。

（4）混凝土及钢筋混凝土

确定混凝土工程施工方案，如大模板法、滑升法、升板法或其他方法等。确定模板的支模方法，重点应考虑提高模板的周转利用次数，节约人力且降低成本。对于复杂工程还需进行模板设计和绘制模板放样图或排列图。钢筋工程应选择恰当的加工、绑扎和焊接方法，如钢筋制作现场预应力张拉时，应确定预应力钢筋的加工、运输、安装和检测方法。选择混凝土的制备方案，如确定采用商品混凝土还是现场制备混凝土；确定搅拌、运输及浇筑顺序和方法，如选择采用泵送混凝土还是采用普通垂直运输混凝土机械。选择混凝土搅拌、振捣设备的类型和规格，确定施工缝的留设位置；若采用预应力混凝土，应确定施工方法、预应力钢筋的应力控制和张拉设备。

（三）施工机械的确定

1.施工机械选择的注意事项

水利工程施工采用的机械种类复杂、型号多，有土方开挖机械、运输机械、压实机械、吊装起重机械等。在选择施工机械时，应根据工程的规模、工期要求、现场条件等择优选择。选择施工机械时应注意以下几点：

（1）选择主导工程的施工机械，如地下工程的土方机械，主体结构工程的垂直、水平运输机械，结构吊装工程的起重机械等。

（2）在选择辅助施工机械时，必须充分发挥主导施工机械的生产效率，要使两者的台班生产能力协调一致并确定辅助施工机械的类型、型号和台数。土方工程中自卸汽车的载重量应为挖掘机斗容量的整数倍，汽车的数量应保证挖掘机能连续工作，使挖掘机的效率充分发挥。

（3）为便于施工机械化管理，同一施工现场的机械类型应尽可能少。当工程量大而集中时，应选用专业化施工机械；当工程量小而分散时，可选择多用途施工机械，如挖土机既可以挖土，又能用于装卸、打桩和起重。

（4）尽量选用施工单位的现有机械以减少施工的投资额、提高现有机械的利用率、降低成本。当现有施工机械不能满足工程需要时，则购置或租赁所需新型机械或多用途机械。

2.施工机械选择步骤

水利工程施工机械很多，这里以土石方工程的挖、填为例进行说明。

（1）分析施工过程

水利水电工程机械化施工过程包括施工准备、基本工作和辅助工作。

①施工准备：包括料场覆盖层清除、基坑开挖、岩基清理、修筑道路等。

②基本工作：包括土石料挖掘、装载、运输、卸料、平整和压实等工序。

③辅助工作：配合基本工作进行，包括翻松硬土、洒水、翻晒、废料清除和道路维修等。

（2）施工机械选择

在拟定施工方案时，首先研究基本工作所需要的主要机械，按照施工条件和工作参数选定主要机械，然后依据主要机械的生产能力和性能参数再选用与其配套的机械。准备工作和辅助工作的机械则根据施工条件与进度要求，另行选用或利用已经选用的机械。

（3）施工机械需要量计算

施工机械需要量可根据进度计划安排的施工强度、机械生产率、机械利用率等参数计算。

配套设备需要量计算。在水利水电工程的机械施工中，需要不同功能的设备相互配合才能完成施工任务。例如，挖掘机、自卸汽车运土上坝、拖拉机压实工作，就是挖掘机、自卸汽车、拖拉机等3种机械配合完成的施工任务，与挖掘机配套的自卸汽车在数量和所占施工费用的比例都很大，因此应仔细选择车型和计算所需量。只有配套合理，才能最大限度地发挥机械施工能力，提高机械使用率。选择其配套的运输车辆可根据以下几个方面来确定：

①选择自卸汽车。可以选用适当的车铲容积比，并根据已选定的挖掘机的斗容量来选取汽车的容量可载重量；计算装满一车厢的铲斗数和汽车实际的载重量，以确定汽车载重量的利用程度；计算一台挖掘机配套的汽车需要量（台数）；进行技术经济比较，以推荐车型和数量。

②车铲容积比的选择。挖掘机和汽车的利用率均达到最高值时的理论车铲容积比随运距的增加而提高，随着汽车平均行驶速度增加而降低。根据工程实践的数据，一般情况下，当运距为1~2.5 km时，理论的车铲容积比为4：7；当运距为2.5~5km时，理论的车铲容积比为7：10。

③汽车载重量的利用程度计算。汽车载重量的利用程度是考核配套的运输车辆是否合理的另一个指标。它与车铲容积比、汽车载重量或车厢容积等因素有关系。

（四）施工方案的评价

施工方案评价的目的是考查适合本工程的最佳方案在技术上可行、经济上合理，做到技术、经济相统一。对施工方案进行技术、经济分析就是为了避免施工的盲目性、片面性，在方案实施之前就能分析出其经济效益，保证所选方案的科学性、有效性和经济性，从而达到提高质量、缩短工期、降低成本的目的，以提高工程施工的经济效益。

1.评价方法

施工方案的技术、经济评价方法可分为定性分析法和定量分析法两大类。

定性分析法只能泛泛地分析各方案的优缺点，如施工操作的难易和安全与否；能否为后续工序提供有利条件；冬季或雨季对施工的影响的大小；是否可利用某些现有机械和设备；能否一机多用；能否给现场文明施工创造有利条件等。定性分析法在评价时受评价人的主观因素影响大，故只用于对施工方案初步评价。

定量分析法是对各方案的投入与产出进行计算，如对劳动力、材料及机械台班消耗工期、成本等直接进行计算和比较。这种评价方法比较客观且让人信服，所以定量分析法是评价施工方案的主要方法。

2.评价指标

（1）技术指标。技术指标一般用各种参数表示，如大体积混凝土施工时为了防止裂缝，体现浇筑方案的指标有浇筑速度、浇筑温度、水泥用量等；模板方案中的模板面积型号支撑间距。这些技术指标应结合具体的施工对象来确定。

（2）经济指标。其主要反映为完成任务所消耗的资源量，由一系列价值指标、实物指标及劳动指标组成，如工程施工成本消耗的机械台班数，用工量及其钢材、木材、水泥（混凝土半成品）等材料消耗量等。这些指标能评价方案是否经济合理。

（3）效果指标：主要反映采用该施工方案后预期达到的效果。效果指标有两大类：一类是工程效果指标，如工程工期、工程效率等；另一类是经济效果指标，如成本降价额或降低率、材料的节约量或节约率。

四、单位工程施工进度计划的安排

（一）施工进度计划的作用与依据

1.施工进度计划的任务与作用

单位工程施工进度计划是施工方案在时间上的具体反映，是指导单位工程施工的基本文件之一。它的主要任务是以施工方案为依据，安排单位工程的施工顺序和施工时间，使单位工程在规定的时间内有条不紊地完成施工任务。

单位工程进度计划的编制方式与总进度计划基本相同，在满足总进度计划的前提下应将项目分得更详细、更具体。

施工进度计划的主要作用是为制订企业季度、月度生产计划提供依据，也为平衡劳动力、调配和供应各种施工机械和各种物资提供依据，同时也为确定施工现场的临时设施数量和动力设备提供依据。

施工进度计划必须满足施工规定的工期，在空间上必须满足工作面的实际要求，与施工方法相互协调。因此，制订施工进度计划应该仔细考虑这些因素。

2.施工进度计划编制依据

单位工程施工组织设计主要指投标时的施工组织设计。因此，招标文件是主要的编制依据；同时必须满足以下要求：

（1）施工总工期及开（竣）工日期。

（2）经过审批的建筑总平面图、地形图、单位工程施工图、设备以及基础图、使用的标准图及技术资料。

（3）施工组织总设计对本单位工程的有关规定。

（4）施工条件，劳动力、材料、构件及机械供应条件，分包单位情况等。

（5）主要分部（项）工程的施工方案。

（6）劳动定额、机械台班定额及本企业施工水平。

（7）工程承包合同及业主的合理要求。

（8）其他有关资料，如当地的气象资料等。

（二）施工进度计划的编制程序与评价

1.划分施工过程

编制单位工程施工进度计划，首先按照招标文件的工程量清单、施工图纸和施工顺序列出拟建单位工程的各个施工过程，并结合施工方法、施工条件、劳动组织等因素，加以适当调整，使其成为编制单位工程进度计划所需的施工程序。

在确定施工过程时，应注意以下几个问题：

（1）施工过程划分的粗细程度，主要根据招标文件的要求，按照工程量清单的项目划分，基本可以达到控制施工进度的目的。特别是开工、竣工时间，必须满足工程时间要求。

（2）施工过程的划分要结合所选择的施工方案。不同的施工方案，其施工顺序有所不同，项目的划分也不同。

（3）注意适当简化单位工程进度计划内容，避免工程项目划分过细、重点不突出。根据工程量清单中的项目，有些小的项目可以合并，划分施工过程要详略得当。

2.校核工程量清单中的工程量

招标文件提供的工程量清单是招标文件的一部分，投标人无权更改，但作为投标人应该进行工程量清单的校核。通过对工程量清单的校核，可以更多地了解工程情况，对投标工作有利。为中标后的工程施工、工程索赔奠定基础。

3.确定劳动量和机械台班数

劳动量和机械台班数应当根据工程量、施工方法和现行的施工定额，并结合当时当地的具体情况确定。

4.确定各施工过程的施工天数

根据工程量清单中的各项工程量及施工顺序，确定其施工天数。这一过程非常重要，因为各分部、分项工程的施工天数组成整个工程的施工天数。在投标阶段，一般都采用倒排进度的方法进行。这是因为工程的开工时间、竣工时间都有招标文件规定，不能更改，施工期不能任意增加或减少。根据招标文件要求的开（竣）工时间和施工经验，确定各分部、分项工程的施工时间，然后再按分部、分项工程所需的劳动量或机械台班数，确定每一分部、分项工程的每个班组所需的工人数或机械台数。

5.施工进度计划的调整

为了使初始方案满足规定的目标，一般进行如下检查调整：

（1）施工顺序。各施工过程的施工顺序、平行搭接和技术间歇是否合理。

（2）工期。初始方案的总工期是否满足连续、均衡施工。

（3）劳动力。主要工种的工人数量是否满足连续、均衡施工。

（4）物资。主要机械、设备、材料等的利用是否均衡，施工机械是否充分利用。经过检查，对不符合要求的部分可采用增加或缩短某些分项工程的施工时间。在施工顺序允许的情况下，将某些分项工程的施工时间向前、向后移动。

应当指出，上述编制施工进度计划的步骤不是孤立的，而是相互依赖、相互联系的，有时可以同时进行。

施工进度表是施工进度的最终结果。它是在控制性进度表（施工总进度表或标书要求的工期）的基础上进行编制的，其起始与终止时间必须符合施工总进度计划或标书要求工期的规定；其他中间的分项工程可以适当调整。

6.施工进度计划的评价

施工进度计划编制得是否合理不仅直接影响工期的长短、施工成本的高低，而且还可能影响到施工质量和安全。因此，对工程施工进度计划进行经济评价是非常必要的。评价单位工程施工进度计划的优劣，实质上是评价施工进度计划对工期目标、工程质量、施工安全及工期、费用等方面的影响。主要有以下两个评价指标：

（1）工期。包括总工期、主要施工阶段的工期、计划工期、定额工期、工期目标或合同工期。

（2）施工资源的均衡性。施工资源是指劳动力、施工机械、周转材料，以及施工所需的人财物等。

五、单位工程施工平面图布置

单位工程施工组织设计平面图布置是施工总布置的一部分，其主要作用是根据已确定的施工方案布置施工现场。单位工程施工组织设计平面布置图是对拟建工程施工现场所作的平面设计和空间布置图。它是根据拟建工程的规模、施工方案、施工进度计划及施工现场的条件等，按照一定的设计原则，安排施工期间所需的各种临时工程、永久性工程和拟建工程之间的合理位置关系。

施工平面图不仅要在设计上周密考虑，而且还要认真贯彻执行，这样才会使施工现场井然有序，施工顺利进行，从而保证施工进度，提高效率和经济效益。

（一）单位工程施工平面图的设计内容和原则

1.单位工程施工平面图的设计内容

（1）已建和拟建的地上、地下的一切建筑物，建筑物的位置、尺寸和框图。

（2）各种加工厂、材料、构件、加工半成品、机具、仓库和堆场。

（3）生产区、生活福利区的平面位置布置。

（4）场外交通引入位置和场内道路的布置。

（5）临时给排水管道、临时用电（电力、通信）线路等的布置。

（6）临时围堰、临时道路等临时设施。

（7）图例、比例尺、指北针及必要的说明等。

2.单位工程施工平面图的设计原则

（1）在满足施工现场要求的前提下，布置紧凑，占地要省，尽量减少施工用地。

（2）临时设施要在满足需要的前提下，减少数量、降低费用、减少施工用的管线，尽量利用已有的条件。

（3）合理布置现场的运输道路和加工厂、搅拌站，以及各种材料、机具的存放和仓库位置，尽量做到短运距、少搬运，从而减少或减免二次搬运。

（4）临时设施的布设应尽量分区，以减少生产和生活的相互干扰，保证现场施工生产安全有序地进行。

（5）遵循水利工程相关法律法规对施工现场管理提出的要求，利于生产、生活、安全、消防、环保、卫生防疫、劳动保护等。

（二）单位工程施工平面图的设计

依据在单位工程施工组织设计平面图设计前，首先应认真研究施工方案和进度计划，在勘查现场所取得的施工环境等第一手资料的基础上，认真研究自然条件资料、技术经济调查资料、社会调查资料，使设计与施工现场实际情况相符。单位工程施工组织设计平面图设计所依据的主要资料有以下几种：

1.原始资料

（1）自然条件资料。包括气象、地形、地貌、水文、工程地质等资料，周围环境和障碍物。自然条件资料主要用于布置排除地表水期间所需设备的地点。保护等。

（2）技术经济调查资料。包括交通运输，水、电、气供应条件，地方资源情况，生产生活基地情况。技术经济调查资料主要用来确定材料仓库、构件和半成品堆放场地或临时设施情况。

（3）社会调查资料。包括社会劳动力和生活设施，参加施工各单位的情况，建设单位可为施工人员提供的房屋和其他生活设施等。

2.施工方面资料

（1）施工总平面图。包括图上一切地下、地上原有的和拟建的建筑物与构筑物的位置及尺寸。它是正确确定临时房屋和其他设施位置所需的资料。

（2）施工组织总设计。

（3）一切原有的和拟建的地下、地上管道位置资料。

（4）施工区域的土方平衡图。它是安排土方的挖填、取土或弃土的依据。

（5）单位工程施工组织设计平面图应符合施工总平面图的要求。

（6）单位工程的施工方案、进度计划、资源需求量计划等施工资料。

第三章 水利工程管理

第一节 水利工程管理概述

一、水利工程管理的概念

从专业角度看，水利工程管理分为狭义水利工程管理和广义水利工程管理。狭义水利工程管理是指对已建成的水利工程进行检查观测、养护修理和调度运用，保障工程的正常运行并发挥设计效益的工作。广义水利工程管理是指除以上技术管理工作外，还包括水利工程行政管理、经济管理和法律管理等方面，如水利事权的划分。本章主要探讨广义水利工程管理，即在深入区别各种水利工程的性质和具体作用的基础上，尽最大可能趋利避害，充分发挥水利工程的社会效益、经济效益和生态效益，加强对水利工程的引导和管理；只有通过科学管理，才能发挥水利工程最佳的综合效益；保护和合理运用已建成的水利工程设施，调节水资源，为社会经济发展和人民生活服务。

二、工程技术视角下我国水利工程管理的主要内容

从利用和保障水利工程的功能出发，我国水利工程管理工作的主要内容包括：水利工程的使用，水利工程的养护工作，水利工程的检测工作，水利工程的防汛抢险工作，水利工程扩建和改建工作。

（一）水利工程的使用

水利工程与河川径流有着密切的关系，其变化同河川径流一样是随机的，具有多变性和复杂性，但径流在一定范围内有一定的变化规律；根据其变化规律，对工程进行合理运用，确保工程的安全和发挥最大效益。水利工程的合理运用主要是制订合理的工程防汛调度计划和制定水利工程管理运行方案等。

（二）水利工程的养护工作

由于各种主观原因和客观条件的限制，水利工程在规划、设计和施工过程中难免会存在薄弱环节，使其在运用过程中出现这样或那样的缺陷和问题，特别是水利工程长期处在水下工作，自然条件的变化和管理不当，将会使工程发生变化。所以要对工程进行长期监控，发现问题及时维修，消除隐患，保持工程的完好状态和安全运行，以发挥其应有的作用。

（三）水利工程的检测工作

水利工程的检测工作也是水利工程的重要工作内容。要做到定期对水利工程进行检查，在检查中发现问题，要及时进行分析，找出问题的根源，尽快进行整改。以此来提高工程的运用条件，从而不断提高科学技术管理水平。

（四）水利工程的防汛抢险工作

防汛抢险是水利工程的一项重点工作，特别是对于那些大中型水利工程，要注意日常的维护，以避免险情的发生。同时，防汛抢险工作要立足于大洪水，提前做好防护工作，确保水利工程的安全。

（五）水利工程扩建和改建工作

如果原有的水利工程不能满足新技术、新设备、新的管理水平的要求，在运用过程中发现有重大缺陷需要消除时，应对原有工程进行改建和扩建，从而提高工程的基础能力，满足工程的运行管理的发展和需求。

基于我国水利工程的特点及分类，成立了相应的水利管理机构、制定了相应的管理制度。从流域来说，成立了七大流域管理局，负责相应流域水行政管理职责，包括长江水利委员会、黄河水利委员会、淮河水利委员会、海河水利委员会、松辽水利委员会、珠江水利委员会、太湖流域管理局。对于特大型水利工程成立专门管理机构，如三峡工程建设委员会、小浪底水利枢纽管理中心、南水北调办公室等，以及针对各种水利设施的管理，如农村农田水利灌溉管理、水库大坝安全管理等。

三、科学管理视角下我国水利工程管理的主要内容

从科学管理的视角出发，我国水利工程管理的主要内容是指水利事权的划分。水利事权即处理水利事务的职权和责任。我国水旱灾害频发，兴水利、除水害，历来是安邦治国的重大任务。合理划分各级政府的水利事权是我国全面深化水利改革的重要内容和有效制度保障。历史上水利工程事权、财权划分格局主要表现为两个特征：一是政府组织建设与管理关系国计民生的重要公益性水利工程，如防洪工程；二是政府与受益群众分担投入具有服务性质的一些工程，如农田水利工程。中华人民共和国成立后，由于水利部门职能的转变，水利事权也在不断发生着变化，大致分为以下四个阶段：

第一阶段（1949—1996年），中央、地方分级负责。中央主要负责兴建重大水利工程以治理大江大河为主，其他水利工程建设与管理主要以地方与群众集体的力量为主，国家支援为辅。

第二阶段（1997—2002年），根据1997年国务院印发的《水利产业政策》，水利工程项目按事权被划分为中央项目和地方项目；按效益被区分为甲类（以社会效益为主）和乙类（以经济效益为主），或者说公益性项目与经营性项目。国家主要负责跨省（自治区、直辖市）、对国民经济全局有重大影响的项目，局部受益的地方项目由地方负责。具体为中央项目的投资由中央和受益省（自治区、直辖市）按受益程度、受益范围、经济实力共同分担，其中重点水土流失区的治理主要由地方负责，中央适当给予补助。

第三阶段（2002—2011年）。根据国务院转发的《水利工程管理体制改革实施意见》，水利建设项目被区分为公益性、准公益性和经营性三类；中央项目在第二阶段的基础上扩大到对国民经济全局、社会稳定和生态与环境有重大影响的项目，或中央认为负有直

接建设责任的项目，从而解决了准公益性项目的管理问题。

第四阶段（2011年至今），根据《中共中央、国务院关于加快水利改革发展的决定》，以及水利部印发的《关于深化水利改革的指导意见》，水利事权划分进入全面深化改革阶段。中央事权被进一步明确为"国家水安全战略和重大水利规划、政策、标准制定，跨流域、跨国界河流湖泊以及事关流域全局的水利建设、水资源管理、河湖管理等涉水活动管理"；地方事权具体为"区域水利建设项目、水利社会管理和公共服务"以及"由地方管理更方便、有效的水利事项"。中央和地方共同事权被确定为"跨区域重大水利项目建设维护等"；同时，企业和社会组织的事权也得以明确，即"对适合市场、社会组织承担的水利公共服务，要引入竞争机制。通过合同、委托等方式交给市场和社会组织承担"。

四、我国水利工程的管理目标

水利工程管理的目标是确保水利工程项目质量安全，延长工程使用寿命，保证设施正常运转，做好工程使用的全程维护工作，充分发挥工程和水资源的综合效益，逐步实现工程管理科学化、规范化，为国民经济建设提供更好的服务。

（一）确保项目的质量安全

因水利工程涉及防洪、抗旱、治涝、发电、调水、农业灌溉、居民用水、水产经济、水运、工业用水、环境保护等重要内容，一旦出现工程质量问题，所有与水利相关的生活生产活动都将受到阻碍，沿区上游和下游都将受到威胁。因此，水利工程的质量安全不仅关系着经济的发展，更关系到人民群众生命财产安全。

（二）延长工程的使用寿命

由于水利工程消耗资金较多、施工规模较大、影响范围较广，所以一项工程的运转就是百年大计。因此，水利工程管理要贯穿项目的始末，从图纸设计到施工内容、竣工验收、工程使用等各个方面在科学合理的范围内对延长使用寿命进行管理，以减少资源的浪费，充分发挥最大效益。

（三）保证设施的正常运转

水利工程管理具有综合性、系统性特征，因此水利工程项目的正常运转需要各个环节的控制、调节与搭配，正确操作机械和设备，协调多样功能的发挥，提高工作效率；加强经营管理，提高经济效益，减少事故发生，确保各项事业不受影响。

（四）做好工程使用的全程维护

对于综合性的大型项目或大型组合式机械设备来说，都需要定期进行保养与维护。

由于设备某一部分或单一零件出现问题，都会对工程的使用和寿命造成影响，因此水利工程管理工作还要对水利工程在整个使用过程中进行维护，更换零部件，及时发现隐患，保证工程的正常使用。

（五）最大限度地发挥水利工程的综合效益

除从工程方面保障水利工程的正常运行和安全外，水利工程管理还应当通过不断深化改革，最大限度地发挥水利工程的综合效益，正如水利部印发的《关于深化水利改革的指导意见》所提出的，我国必须"坚持社会主义市场经济改革方向，充分考虑水利公益性、基础性、战略性特点，构建有利于增强水利保障能力、提升水利社会管理水平、加快水生态文明建设的科学完善的水利制度体系"。

第二节 水利工程管理要求

一、基本要求

1.水利工程养护应做到及时消除表面的缺陷和解决局部工程问题，防护可能发生的损坏，保证工程设施的安全、完整、正常运用。

2.编制次年度养护计划，并按规定报主管部门。

3.养护计划经批准下达后，应尽快组织实施。

二、大坝管护

1.坝顶养护应达到坝顶平整，无积水，无杂草，无弃物；防浪墙、坝肩、踏步完整轮廓鲜明；坝端无裂缝，无凹坑，无堆积物。

2.坝顶出现坑洼和雨淋沟缺，应及时用相同材料填平补齐，并应保持一定的排水坡度；坝顶路面如有损坏，应及时修复；坝顶的杂草、弃物应及时清除。

3.防浪墙、坝肩和踏步出现局部破损，应及时修补。

4.坝端出现局部裂缝、坑凹，应及时填补，发现堆积物应及时清除。

5.坝坡养护应达到坡面平整，无雨淋沟缺，无荆棘杂草滋生；护坡块应完好，砌缝紧密，填料密实，无松动、塌陷、脱落、风化、冻毁或架空现象。

6.干砌块石护坡的养护应符合下列要求：

（1）及时填补、楔紧脱落或松动的护坡石料。

（2）及时更换风化或冻损的块石，并嵌砌紧密。

（3）块石塌陷、垫层被淘刷时，应先翻出块石，恢复坝体和垫层后，再将块石嵌砌紧密。

7.混凝土或浆砌块石护坡的养护应符合下列要求：

（1）清除伸缩缝内杂物、杂草，及时填补流失的填料。

（2）护坡局部发生侵蚀剥落、裂缝或破碎时，应及时采用水泥砂浆表面抹补、喷浆或填塞处理。

（3）排水孔如有不畅，应及时进行疏通或补设。

8.堆石或碎石护坡石料如有滚动，造成厚薄不均时，应及时进行平整。

9.草皮护坡的养护应符合下列要求：

（1）经常修整草皮，清除杂草，洒水养护，保持完整美观。

（2）出现雨淋沟缺时，应及时还原坝坡，补植草皮。

10.对于无护坡土坝，如发现有凹凸不平，应进行填补整平；如有冲刷沟，应及时修复，并改善排水系统；如遇风浪淘刷，应进行填补，必要时放缓边坡。

三、水设施管护

1.排水、导渗设施应达到无断裂、损坏、阻塞、失效现象，排水畅通。

2.排水沟（管）内的淤泥、杂物及冰塞，应及时清除。

3.排水沟（管）局部的松动、裂缝和损坏，应及时用水泥砂浆修补。

4.排水沟（管）的基础如被冲刷破坏，应先恢复基础，后修复排水沟（管）；修复时，应使用与基础同样的土料，恢复至原断面，并夯实；排水沟（管）如设有反滤层，应按设计标准恢复。

5.随时检查修补滤水坝址或导渗周边山坡的截水沟，防止山坡浑水淤塞坝址导渗排水设施。

6.减压井应经常进行清理疏通，保持排水畅通；周围如有积水渗入井内，应将积水排干，填平坑洼。

四、输、泄水建筑物管护

1.输、泄水建筑物表面应保持清洁完好，及时排除积水、积雪、苔藓、污垢及淤积的沙石、杂物等。

2.建筑物各部位的排水孔、进水孔、通气孔等均应保持畅通；墙后填土区发生塌坑、沉陷时应及时填补夯实；空箱岸（翼）墙内淤积物应及时清除。

3.钢筋混凝土构件的表面出现涂料老化、局部损坏、脱落、起皮等，应及时修补或重新封闭。

4.上下游的护坡、护底、陡坡、侧墙、消能设施出现局部松动、塌陷、隆起、掏空、垫层散失等情况时，应及时按原状修复。

5.闸门外观应保持整洁，梁格、臂杆内无积水，及时清除闸门吊耳、门槽、弧形门支铰及结构夹缝处等部位的杂物。钢闸门出现局部锈蚀、涂层脱落时应及时修补；闸门滚轮、弧形门支铰等运转部位的设施应保持完好、畅通，并定期加油。

6.启闭机的管护应符合下列要求：

（1）防护罩、机体表面应保持清洁、完整。

（2）机架不得有明显变形、损伤或裂缝，底脚连接应牢固可靠；启闭机连接件应保持紧固。

（3）注油设施、油泵、油管系统应保持完好，油路畅通，无漏油现象；减速箱、液压油缸内油位保持在上下限之间；定期过滤或更换，保证油质。

（4）制动装置应经常维护，适时调整，确保灵活可靠。

（5）钢丝绳、螺杆有齿部位应经常清洗、抹油，有条件的可设置防尘设施；启闭螺杆如有弯曲，应及时校正。

（6）闸门开度指示器应定期校验，确保运转灵活、指示准确。

7.机电设备的管护应符合下列要求：

（1）电动机的外壳应保持无尘、无污、无锈；接线盒应防潮，压线螺栓紧固；轴承内润滑脂质量合格，并保持填满空腔内 1/2~1/3。

（2）电动机绕组的绝缘电阻应定期检测，小于 0.5MΩ 时，应进行干燥处理。

（3）操作系统的动力柜、照明柜、操作箱、各种开关、继电保护装置、检修电源箱等应定期清洁、保持干净；所有电气设备外壳均应可靠接地，并定期检测接地电阻值。

（4）电气仪表应按规定定期检验，以保证其指示正确、灵敏。

（5）输电线路、备用发电机组等输变电设施按有关规定定期养护。

8.防雷设施的管护应符合下列规定：

（1）避雷针（线、带）及引下线如锈蚀量超过截面30％时，应予更换。

（2）导电部件的焊接点或螺栓接头如脱焊、松动应予补焊或旋紧。

（3）接地装置的接地电阻值应不大于10Ω，超过规定值时应增设接地极。

（4）电气设备的防雷设施应按有关规定定期检验。

（5）防雷设施的构架上，严禁架设低压线、广播线及通信线。

五、观测设施管护

1.观测设施应保持完整，无变形、损坏、堵塞。

2.观测设施的保护装置应保持完好，标志明显，随时清除观测障碍物；观测设施如有损坏，应及时修复，并重新校正。

3.测压管口应随时加盖上锁。

4.水位尺损坏时，应及时修复，并重新校正。

5.量水堰板上的附着物和堰槽内的淤泥或堵塞物，应及时清除。

六、自动监控设施管护

1.自动监控设施管护应符合下列要求：

（1）定期对监控设施的传感器、控制器、指示仪表、保护设备、视频系统、通信系统、计算机，以及网络系统等进行维护和清洁除尘。

（2）定期对传感器、接收及输出信号设备进行率定和精度校验；对不符合要求的设备，应及时更换。

（3）定期对保护设备进行灵敏度检查、调整，对云台、雨刮器等转动部分加注润滑油。

2.自动监控系统软件系统的养护应遵守下列规定：

（1）制定计算机控制操作规程并严格执行。

（2）加强对计算机和网络的安全管理，配备必要的防火墙。

（3）定期对系统软件和数据库进行备份，技术文档应妥善保管。

（4）修改或设置软件前后，均应进行备份，并做好记录。

（5）未经无病毒确认的软件不得在监控系统上使用。

3.自动监控系统发生故障或显示警告信息时，应查明原因，及时排除，并详细记录。

4.自动监控系统及防雷设施等，应按有关规定做好养护工作。

七、管理设施管护

1.管理范围内的树木、草皮，应及时浇水、施肥、除害、修剪。

2.管理办公用房、生活用房，应整洁、完好。

3.防污道路及管理区内道路、供排水、通信及照明设施应完好无损。

4.工程标牌（包括界桩、界牌、安全警示牌、宣传牌）应保持完好、醒目、美观。

第三节 水利工程的堤防管理

一、堤防的工作条件

堤防是一种适应性很强、利用坝址附近的松散土料填筑、碾压而成的挡水建筑物。其工作条件如下：

1.抗剪强度低。由于堤防挡水的坝体是由松散土料压实填成的，故其抗剪强度低，易发生坍塌、失稳滑动、开裂等破坏。

2.挡水材料透水。坝体材料透水，易产生渗漏。

3.受自然因素影响大。堤防在地震、冰冻、风吹、日晒、雨淋等自然因素作用下，易发生沉降、风化、干裂、冲刷、渗流侵蚀等，因此在日常管理中应符合自然规律，严格按照运行规律进行管理。

二、堤防的检查

堤防的检查工作主要有四方面：经常检查、定期检查、特别检查、安全鉴定。

（一）经常检查

堤防的经常性检查是由管理单位指定有经验的专职人员对工程进行的例行检查，并填写有关检查记录。此种检查原则上每月应进行 1~2 次。检查内容主要包括以下几方面：

（1）检查坝体有无裂缝。检查的重点应是坝体与岸坡的连接部位，异性材料的接合部位，河谷形状的突变部位，坝体土料的变化部位，填土质量较差的部位，冬季施工的坝段部位，等等。如果发现裂缝，应检查裂缝的位置、宽度、方向和错距，并跟踪记录，观测其发展情况。对于横向裂缝，应检查其贯穿的深度、位置，是否形成或将要形成漏水通道；对于纵向裂缝，应检查其是否形成向上游或向下游的圆弧形，有无滑坡的迹象。

（2）检查下游坝坡有无散浸和集中渗流现象，渗流是清水还是浑水；在坝体与两岸接头部位和坝体与刚性建筑物连接部位有无集中渗流现象；坝脚和坝基渗流逸出处有无管涌、流土和沼泽化现象；埋设在坝体内的管道出口附近有无异常渗流或形成漏水通道，检查渗流量有无变化。

（3）检查上下游坝坡有无滑坡、上部坍塌、下部塌陷和隆起现象。

（4）检查护坡是否完好，有无松动、塌陷、垫层流失、石块架空、翻起等现象；草皮护坡有无损坏或局部是否缺草，坝面有无冲沟等情况。

（5）检查坝体上和库区周围排水沟、截水沟、集水井等排水设备有无损坏、裂缝、漏水或被土石块、杂草等阻塞的情况。

（6）检查防浪墙有无裂缝、变形、沉陷和倾斜等；坝顶路面有无坑洼，坝顶排水是否畅通，坝轴线有无位移或沉降，测桩是否损坏，等等。

（7）检查坝体有无动物洞穴，是否有害虫、害兽活动的迹象。

（8）对水质、水位、环境污染源等进行检查观测，对堤防量水堰的设备、测压管设备进行检查。

对每次检查出的问题应及时研究分析，并确定处理措施。有关情况要记录存档，以备检索。

（二）定期检查

定期检查是在每年汛前、汛后和大量用水期前后，组织一定力量对工程进行的全面性检查。检查的主要内容包括以下几项：

（1）检查溢洪道的实际过水能力。对于不能安全运行、洪水标准低的堤防，要检查其是否按规定的汛期限制水位运行；如果出现较大洪水，有没有切实可行的保坝措施，并是否落实这些措施。

（2）检查坝址处、溢洪道岸坡或库区及水库沿岸有无危及坝体安全的滑坡、塌方等情况。

（3）坝前淤积严重的坝体，要检查淤积库容对坝体安全和工程效益所带来的危害。特别要检查抗洪能力，以便采取相应措施，以免造成洪水漫坝的危险。

（4）检查溢洪道出口段回水是否冲淹坝脚，导致影响坝体安全。

（5）对坝下涵管进行检查。

（6）检查掌握水库汛期的蓄水和水位变化情况，严格按照规定的安全水位运行，不能超负荷运行；放水期注意控制放水的流量，以防库水位骤降等影响坝体安全。

（三）特别检查

特别检查是当工程发生严重破坏或有重大疑点时，组织专门力量进行检查。通常在发生特大洪水、暴雨、地震、工程非常运行等情况时进行。

（四）安全鉴定

工程建成后，在三至五年内须对工程进行一次全面安全鉴定，以后每隔六至十年进行一次安全鉴定。安全鉴定应由主管部门组织，由管理、设计、施工、科研等单位及有关专业人员参加。

三、堤防的养护修理

堤防的养护修理应本着"经常养护，随时维修，养重于修，修重于抢"的原则进行。养护修理一般可分为经常性养护维修、岁修、大修和抢修。经常性养护维修是根据检查发现的问题进行的日常保养维护和局部修补，以保持工程的完整性。岁修一般是在每年汛后进行，属全面检查维修。大修是指工程损坏较大时所做的修复。大修一般技术复杂，因此可邀请有关设计、科研及施工单位共同研究修复方案。抢修又称为抢险，当工程发生事故，危及整个工程安全及下游人民生命财产安全时，应立即组织力量抢修。

堤防的养护修理工作主要包括下列内容：

（1）坝面上不得种植树木和农作物，不得放牧、铲草皮、搬动护坡和导渗设施的砂石材料等。

（2）堤防坝顶应保持平整，不得有坑洼，并具有一定的排水坡度，以免积水。坝顶路面应经常养护，如有损坏应及时修复和加固；防浪墙和坝肩的路缘石、栏杆、台阶等如有损坏应及时修复。坝顶上的灯柱如有歪斜，线路和照明设备如有损坏，应及时调整和修补。

（3）坝顶、坝坡和坝台上不得大量堆放物料，以免引起不均匀沉陷或局部塌滑。坝面不得作为码头停靠船只和装卸货物，船只在坝坡附近不得高速行驶。坝前靠近坝坡如有较大的漂浮物和树木应及时打捞。

（4）在距坝顶或坝的上下游一定的安全距离范围之内，不得任意挖坑、取土、打井和爆破，禁止在水库内进行炸鱼等对工程有害的活动。

（5）对堤防上下游及附近的护坡应经常进行养护，如发现护坡石块有松动、翻动和滚动等现象，以及反滤层、垫层有流失现象，应及时修复。如果护坡石块的尺寸过小，难以抵抗风浪的淘刷，可在石块间部分缝隙中充填水泥砂浆或用水泥砂浆勾缝，以提高其抵抗能力。混凝土护坡伸缩缝内的填充料如有流失，应将伸缩缝冲洗干净后按原设计补充填料；草皮护坡如有局部损坏，应在适当的季节补植或更换草皮。

（6）堤防与岸坡连接处应设置排水沟，两岸山坡上应设置截水沟，将雨水或山坡上的渗水排至下游，防止其冲刷坝坡和坝脚。坝面排水系统应保持完好，畅通无阻，如有淤积、堵塞和损坏，应及时清除和修复。维护坝体滤水设施和坝后减压设施的正常运用，防止下游浑水倒灌或回流冲刷，以保持其反滤和排渗能力。

（7）堤防如果有减压井，井口应高于地面，防止地表水倒灌。如果减压井因淤积而影响减压效果，应及时采取掏淤、洗井、抽水等方法使其恢复正常。如果减压井已损坏无法修复，可将原减压井用滤料填实，另外打井。

（8）坝体、坝基、两岸绕渗及坝端接触渗漏不正常时，常用的处理方法是上游设防堵截，坝体钻孔灌浆；下游用反滤导渗等。对岩石坝基渗漏可以用帷幕灌浆的方法处理。

（9）坝体裂缝，应根据不同的情况，分别采取措施进行处理。

（10）对坝体的滑坡处理，应根据其产生的原因、部位、大小、坝型、严重程度及水库内水位高低等情况，进行具体分析，采取适当措施。

（11）水库运行时，应准确控制水库水位的降落速度，以免因水位骤降而引起滑坡。对于坝体上游布置有铺盖的堤防，水库一般不放空，以防止铺盖干裂或冻裂。

（12）如发现堤防坝体上有兽洞、蚁穴，应设法捕捉害兽和灭杀白蚁，并对兽洞和蚁穴进行适当处理。

（13）坝体、坝基及坝面的各种观测设备和各种观测仪器应妥善保管，以保证各种设备仪器能及时准确和正常地进行各种观测。

（14）保持整个坝体干净、整齐，无杂草和灌木丛，无废弃物和污染物，无对坝体有害的隐患及影响因素，做好大坝的安全保卫工作。

第四节 水闸管理

一、水闸检查

水闸检查是一项细致而重要的工作，对及时准确地掌握工程的安全运行情况和工情、水情的变化规律，防止工程缺陷或隐患，具有重要作用。其主要检查内容包括：①闸门（包括门槽、门支座、止水及平压阀、通气孔等）工作情况；②启闭设施启闭工作情况；③金属结构防腐及锈蚀情况；④电气控制设备、正常动力和备用电源工作情况。

水闸检查的可分为经常检查、定期检查、特别检查和安全鉴定四类。

（1）经常检查。经常检查即用眼看、耳听、手摸等方法对水闸的闸门、启闭机、机电设备、通信设备、管理范围内的河道、堤防和水流形态等进行检查。经常检查应指定专人按岗位职责分工进行。经常检查的周期按规定一般为每月不少于一次，但也应根据工程的不同情况另行规定。重要部位每月可以检查多次，次要部位或不易损坏的部位每月可只检查一次；在宣泄较大流量洪水，出现较高水位和汛期时每月可检查多次；在非汛期可减少检查次数。

（2）定期检查。一般指每年的汛前、汛后、用水期前后、冰冻期（指北方）的检查，每年的定期检查次数应为4~6次。根据不同地区汛期到来的时间确定检查时间，如华北地区可安排3月上旬、5月下旬、7月、9月底、12月底、用水期前后检查。

（3）特别检查。特别检查是水闸经过特殊运用之后的检查，如特大洪水超标准运用、暴风雨、风暴潮、强烈地震和发生重大工程事故之后。

（4）安全鉴定。安全鉴定应每隔15~20年进行一次，可以在上级主管部门的主持下进行。

二、水闸检查内容

对水闸工程的重要部位和薄弱部位及易发生问题的部位，要特别注意检查。检查的主要内容包括：

（1）水闸闸墙背与干堤连接段有无渗漏迹象。

（2）砌石护坡有无坍塌、松动、隆起、底部掏空、垫层散失，砌石挡土墙有无倾斜、位移（水平或垂直）、勾缝脱落等现象。水闸上下游，特别是底板、闸门槽和消力池内的砂石，应定期清理打捞，以防止磨损；伸缩缝填料如有流失，应及时填充；止水片损坏时，应凿槽修补或采取其他有效措施修复。

（3）其他设施的检查。禁止在交通桥上和翼墙侧堆放砂石料等重物，禁止各种船只停靠在泄水孔附近，禁止在附近进行爆破作业。

三、水闸的控制运用

水闸控制运用又称水闸调度，水闸调度的依据是：①规划设计中确定的运用指标；②实时的水文、气象情报、预报；③水闸本身及上下游河道的情况和过流能力；④经过批准的年度控制运用计划和上级的调度指令。在水闸调度中需要正确处理除水害与兴水利之间的矛盾，以及城乡用水、航运、放筏、水产、发电、冲淤、改善环境等有关方面的利害关系。在汛期，要在上级防汛指挥部门的领导下，做好防汛、防台、防潮工作。在水闸运用中，闸门的启闭操作是关键，要求控制过闸流量，时间准确及时，保证工程和操作人员的安全；防止闸门受漂浮物的冲击以及高速水流的冲刷而破坏。

为了改进水闸运用操作技术，需要积极开展有关科学研究和技术革新工作，如改进雨情、水情等各类信息的处理手段；率定水闸上下游水位、闸门开度与实际过闸流量之间的关系；改进水闸调度的通信系统；改善闸门启闭操作系统；安装必要的闸门遥控、自动化设备。

四、水闸的工程管理

水闸常见的安全问题和破坏现象包括以下几项：在关闸挡水时，闸室的抗滑不稳定；地基及两岸土体的渗透破坏；水闸软基的过量沉陷或不均匀沉陷；开闸放水时下游连接段及河床的冲刷；水闸上下游的泥沙淤积；闸门启闭失灵；金属结构锈蚀；混凝土结构破坏、老化等。针对这些问题，相关单位需要在管理中做好检查、观测、养护修理工作。

水闸的检查、观测是为了能够经常了解水闸各部位的技术状况，从而分析判断工程安全情况和承担任务的能力。工程检查可分为经常检查、定期检查、特别检查与安全鉴定。水闸的观测要按设计要求和技术规范进行，主要观测项目有水闸上下游水位，过闸流量，上下游河床变形等。

对于水闸的土石方、混凝土结构、闸门、启闭机、动力设备、通信照明及其他附属设施，都要进行经常性的养护，发现问题及时处理。按照工作量大小和技术复杂程度，养护修理工作可分为四种，即经常性养护维修、岁修、大修和抢修。经常性养护维修是保持工程设备完整清洁的日常工作，其按照规章制度、技术规范进行；岁修是指每年汛后针对较大缺陷，按照所编制的年度岁修计划进行的工程整修和局部改善工作；大修是指工程发生较大损坏后进行的修复工作和陈旧设备的更换工作，一般工作量较大，技术比较复杂；抢修是指在工程重要部位出现险情时进行的紧急抢救工作。

为了提高工程管理水平，需要不断改进观测技术，完善观测设备和提高观测精度；研究各种养护修理的新技术、新设备、新材料、新工艺。随着工程设施的老化，要研究增强工程耐久性和进行加固的新技术，延长水闸的使用年限。

第五节 土石坝监测

一、测压管法测定土石坝浸润线

测压管法是在坝体选择有代表性的横断面，埋设适当数量的测压管，通过测量测压管中的水位来获得浸润线位置的一种方法。

（一）测压管布置

土石坝浸润线的观测断面应根据水库的重要性和规模大小、土坝类型、断面型式、坝基地质情况，以及防渗、排水结构等进行布置。一般选择有代表性、能反映主要渗流情况以及预计有可能出现异常渗流的横断面，作为浸润线观测断面。例如，选择最大坝高、老河床、合龙段，以及地质情况复杂的横断面。在设计时进行浸润线计算的断面，最好也作为观测断面，以便与设计进行比较。横断面间距一般为 100~200m，如果坝体较长、断面情况大体相同，可以适当增大间距。对于一般大型和重要的中型水库，浸润线观测断面不少于 3 个，一般中型水库应不少于 2 个。

每个横断面内测点的数量和位置，使观测成果能够如实地反映出断面内浸润线的几何形状及其变化，并能描绘出坝体各组成部位，如防渗排水体、反滤层等处的渗流状况。每个横断面内的测压管数量不少于 3 根。

（1）具有反滤坝趾的均质土坝，在上游坝肩和反滤坝趾上游各布置一根测压管，根据具体情况布置一根或数根测压管。

（2）具有水平反滤层的均质土坝，在上游坝肩，以及水平反滤层的起点处各布置一根测压管，视情况而定；也可在水平反滤层上增设一根测压管。

（3）对于塑性心墙，如心墙较宽，可在心墙布置 2~3 根测压管，在下游透水料紧靠心墙外和反滤层坝趾上游各埋设一根测压管。如果心墙较窄，可在心墙上下游和反滤坝趾上游各布设一根测压管，可根据具体情况布置。

（4）对于塑性斜墙坝，在紧靠斜墙下游埋设一根测压管，反滤坝趾上游端埋设一根测压管，其间距视具体情况布置。紧靠斜墙的测压管，为了不破坏斜墙，用有水平管段的 L 形测压管；水平管段略倾斜，进水管端稍低，坡度在 5% 左右，以避免气塞现象。水平管段的坡度还应考虑坝基的沉陷，防止形成倒坡。

（5）其他坝型的测压管布置，可考虑按上述原则进行。当在坝的上游坝坡埋设测压管时，应尽可能布置在最高洪水位以上，如必须埋设在洪水位以下时，应注意当水库水位上升将淹没管口时，用水泥砂浆将管口封堵。

（二）测压管的结构

测压管长期埋设在坝体内，要求管材经久耐用。常用的有金属管、塑料管和无砂混凝土管。无论哪种测压管，都要由进水管、导管和管口保护设备三部分组成。

1.进水管

常用的进水管直径为 38~50mm，下端封口、进水管壁钻有足够数目的进水孔。对埋设于黏性土中的进水管，开孔率为 15% 左右；对砂性土，开孔率为 20% 左右。孔径一般为 6mm 左右，沿管周分 4~6 排，呈梅花状排列；管内壁缘毛刺要打光。

进水管要求能进水且滤土。为防止土粒进入管内，须在管外周包裹两层钢丝布、玻璃丝布或尼龙丝布等不易腐烂变质的过滤层，外面再包扎棕皮等作为第二过滤层；最外边包两层麻布，然后用尼龙绳或铅丝缠绕扎紧。

进水管的长度：对于一般土料与粉细砂，应自设计量高浸润线以上 0.5m 至最低浸润线以下 1m；对于粗粒土，则不短于 3m。

2.导管

导管与进水管连接并伸出坝面，连接处应不漏水，其材料和直径与进水管相同，但管壁不钻孔。

3.管口保护设备

保护测压管不受人为破坏，防止雨水、地表水流入测压管内或沿测压管外壁渗入坝体；避免石块和杂物落入管中，堵塞测压管。

（三）测压管的安装埋设

测压管一般在土石坝竣工后钻孔埋设，只有水平管段的 L 形测压管，必须在施工期埋设。首先钻孔，然后埋设测压管，最后进行注水试验，以检查其是否合格。

1.钻孔注意事项

一是测压管长度小于 10m 的，可用人工取土器钻孔；长度超过 10m 的测压管则须用钻机钻孔。

二是用人工取土器钻孔前，应将钻头埋入土中一定的深度（0.5m）后，再钻进；若钻进中遇有石块并且不易钻动时，应取出钻头，并用钢钎将石块捣碎后再钻；若钻进深度不大时，可更换位置再钻。

三是钻机一般在短时间内即能完成钻孔，如短期内不易塌孔，可不下套管，即埋设测压管；若在沙壤土或砂砾料坝体中钻孔，为防止孔壁坍塌，可先下套管，在埋好测压管后将套管拔出；或者采用管壁钻了小孔的套管，从而即便套管拔不出来也不会使测压管作废。

四是钻孔应采用麻花钻头干钻，尽量不用循环水冲孔钻进，以免钻孔水压对坝体产生扰动破坏及可能产生裂缝。

五是钻孔的终孔直径应不小于 110mm，以保证进水段管壁与孔壁之间有一定空隙，能回填洗净的干砂。

2.埋设测压管注意事项

一是在埋设前对测压管应做细致检查，进水管和导管的尺寸与质量应合乎设计要求，检查后应做记录。管子分段接头可采用接箍或对焊，在焊接时应将管内壁的焊疤打去，以避免由于焊接使管内径缩小，导致测头上下受阻。管子分段连接时，管子在全长内应保持顺直。

二是测压管全部放入钻孔后，进水管段管壁与孔壁之间应回填粒径约为 0.2mm 的洗净的干砂。导管段管壁与孔壁之间应回填黏土并夯实，以防雨水沿管外壁渗入。由于管与孔壁之间间隙小，因此回填松散黏土往往难以达到防水效果，导管外壁与钻孔之间可回填事先制备好的膨胀黏土泥球，直径 1~2cm，每填 1m，注入适量稀泥浆水，以浸泡黏土球使之散开膨胀，封堵孔壁。

三是测压管埋设后，应及时做好管口保护，记录埋设过程，绘制结构图；最后将埋设处理情况以及有关影响因素记录在考证表内。

3.测压管注水试验检查

测压管埋设完毕后，要及时做注水试验，以检验其灵敏度是否合格。试验前先量出管中水位，然后向管中注入清水。一般情况下，土料中的测压管，注入相当于测压管 3~5m 体积的水；砂砾料中的测压管，注入相当于测压管中 5~10m 体积的水。注入后测量水面高程，以后再经过 5min、10min、15min、20min、30min、60min 各测量水位一次；以后间隔时间适当延长，测至其降到原水位为止。记录测量结果，并绘制水位下降过程线，作为原始资料。对于黏壤土，测压管水位如果 5 昼夜内降至原来水位，认为是合格的；对于沙壤土，水位 1 昼夜降到原来水位，认为合格；对于砂砾料，如果在 12h 内降到原来水位，或灌入相应体积的水而水位升高不到 3~5m，则认为是合格的。

二、渗流观测资料的整理与分析

（一）土石坝渗流变化规律

土石坝渗流在运用过程中是不断变化的。引起渗流变化的原因一般是随库水位发生变化、坝体的不断固结、坝基沉陷、泥沙产生淤积、土石坝出现病害等。其中，前四种原因引起的渗流变化属于正常现象，其变化具有一定的规律性：一是测压管水位和渗流量随库水位的上升而增加，随库水位的下降而减少；二是随着时间的推移，由于坝体固结、坝基沉陷、泥沙淤积等原因，在相同的库水位条件下，渗流观测值趋于减小，最后达到稳定。当土石坝产生坝体裂缝、坝基渗透破坏、防渗或排水设施失效、白蚁等生物破坏或含在土中的某些物质被水溶出等病害时，其渗流就不符合正常渗流规律，出现各种异常渗流现象。

（二）坝身测压管资料的整理和分析

1.绘制测压管水位过程线

以时间为横坐标，以测压管水位为纵坐标，绘制测压管水位过程线。为便于分析相关因素的影响，在过程线图上还应同时绘出上下游水位过程线、雨量分布线。

2.实测浸润线与设计浸润线对比分析

土坝设计的浸润线都是在固定水位（如正常高水位，设计洪水位）的前提下计算出来的。一般情况下，正常蓄水位或设计洪水位维持时间极短，其他水位也变化频繁。因此，设计水位对应时刻的实测浸润线并非对应该水位时的浸润线，如果库水位上升达到高水位，则在高水位下的比较往往出现"实测浸润线低于设计浸润线"；相反，用低水位的观测值比较，又会出现"实测浸润线高于设计浸润线"。事实上，只有库水位达到设计库水位并维持，才可能直接比较，或者设法消除滞后时间的影响；否则很难说明问题。

3.测压管水位与库水位相关分析

对于一座已建成的坝，测压管水位只与上下游水位有关。当下游水位基本不变时，以时间为参数，绘制测压管水位与库水位相关曲线。相关曲线有下列几种：

（1）测压管水位与库水位曲线相关。坝身土料渗透系数较大，滞后时间较短时一般是曲线相关。

（2）测压管水位与库水位呈圈套曲线。当坝身土料渗透系数较小时，相关曲线往往呈圈套状。这是由滞后时间造成的。按时间顺序点绘某一次库水位升降过程（如在一年内)的库水位与测压管水位关系曲线,经过整理就可得出一条顺时针旋转的单圈套曲线。这时对应相同的库水位就有不同的测压管水位，库水位上升过程对应的测压管水位低，库水位下降过程对应的测压管水位高,这属于正常现象。若出现逆时针方向旋转的情况，属于不正常，其资料不能用。

三、混凝土坝渗流监测

（一）混凝土坝压力监测

混凝土坝的筑坝材料不是松散体，不必担心发生流土和管涌，因此坝体内部的渗流压力监测没有土石坝那么重要。除为监测水平施工缝设置少量渗压计外，一般很少埋设坝体内部渗流压力监测仪器。对混凝土坝特别是混凝土重力坝而言，其是靠自身的重力来维持坝体稳定的。从坝工设计者到水库安全管理者通常担心坝体与基础接触部位的扬压力,这是因为扬压力的增加等于减少了坝体自身的重量,也削弱了坝体的抗滑稳定性。因此,混凝土坝渗流压力监测重点是监测坝体和坝基接触部位的扬压力,以及绕坝渗流压力。

1.坝基扬压力监测

混凝土坝坝基扬压力监测的一般要求如下:

(1)坝基扬压力监测断面应根据坝型、规模、坝基地质条件和渗控措施等进行布置。一般设 1~2 个纵向监测断面,1、2 级坝的横向监测断面不少于 3 个。

(2)纵向监测断面以布置在第一道排水幕线上为宜,每个坝段至少设 1 个测点;坝基地质条件复杂时,测点应适当增加,遇到强透水带或透水性强的大断层时,可在灌浆帷幕和第一道排水幕之间增设监测点。

(3)横向监测断面通常布置在河床坝段、岸坡坝段、地质条件复杂的坝段,以及灌浆帷幕转折的坝段。支墩坝的横向监测断面一般设在支墩底部,每个断面设 3~4 个测点,地质条件复杂时,可适当增加监测点。监测点通常布置在排水幕线上,必要时可在灌浆帷幕前布置少量监测点,当下游有帷幕时,在其上游侧也应布置测点,防渗墙或板桩后也要设置测点。

(4)在建基面以下扬压力观测孔的深度不宜大于 1m,深层扬压力观测孔在必要时才设置。扬压力观测孔与排水孔不能相互替代使用。

(5)当坝基浅层存在影响大坝稳定的软弱带时,应增加测点。测压管进水段应埋在软弱带以下 0.5~1m 的岩体中,并做好软弱带处进水管外围的止水,以防止下层潜水向上渗漏。

(6)对于地质条件良好的薄拱坝,可少做或不做坝基扬压力监测。

(7)坝基扬压力监测的测压管有单管式和多管式两种,因此可选用金属管或硬塑料管,进水段必须保证渗漏水能顺利地进入管内。当可能发生塌孔或管涌时,应增设反滤装置。管口有压时,应安装压力表;管口无压时,应安装保护盖,也可在管内安装渗压计。

2.坝基扬压力监测布置

坝基扬压力监测布置通常需要考虑坝的类型、高度坝基地质条件和渗流控制工程特点等因素。一般是在靠近坝基的廊道内设测压管进行监测。纵向(坝轴线方向)通常需要布置 1~2 个监测断面,横向(垂直坝轴线方向)对 1 级或 2 级坝至少布置 3 个监测断面。

纵向监测最主要的监测断面通常布置在第一排排水帷幕线上，每个坝段设一个测点；若地质条件复杂，测点数应适当增加；遇大断层或强透水带时，在灌浆帷幕和第一道排水帷幕之间增设测点。

横向监测断面选择在最高坝段、地质条件复杂的谷岸台地坝段及灌浆帷幕转折的坝段。横断面间距一般为 50~100m。坝体较长，坝体结构和地质条件大体相同，可适当加大横断面间距。横断面上一般设 3~4 个测点；若地质条件复杂，测点应适当增加。若坝基为透水地基，如砂砾石地基，需采用防渗墙或板桩进行防渗加固处理时，应在防渗墙或板桩后设测点，以监测防渗效果。当有下游帷幕时，应在帷幕的上游侧布置测点。另外，也可在帷幕前布置测点，进一步监测帷幕的防渗效果。

坝基若有影响大坝稳定的浅层软弱带，应增设测点；如采用测压管监测，测压管的进水管段应设在软弱带下 0.5~1m 的基岩中；同时应做好软弱带导水管段的止水，防止下层潜水向上渗漏。

（二）渗流量监测

当渗流处于稳定状态时，渗流量大小与水头差之间保持固定的关系。当水头差不变而渗流量显著增加或减少时，则意味着渗流出现异常或防渗排水措施失效。因此，渗流量监测对判断渗流和防渗排水设施是否正常具有重要的意义。这是渗流监测的重要项目之一。

1.渗流量监测设计

渗流量监测是渗流监测的重要内容之一，它直观地反映了坝体或其他防渗系统的防渗效果。历史上很多失事的大坝也是从渗流量突然增加开始的。因此，渗流量监测是非常重要的监测项目。

渗流量监测设施的布置，可根据坝型和坝基地质条件、渗流水的出流和汇集条件等因素确定。对于土石坝,通常在大坝下游能够汇集渗流水的地方设置集水沟和量水设备。集水沟及量水设备应布置在不受泄水建筑物泄洪影响，以及坝面和两岸雨水排泄影响的地方。将坝体、坝基排水设施的渗水集中引至集水沟，在集水沟出口进行观测；也可以分区设置集水沟进行观测，最后汇至总集水沟，监测总渗流量。混凝土坝渗流量的监测可在大坝下游设集水沟，而坝体渗水由廊道内的排水沟引至排水井或集水井进行监测渗流量。

2.渗流量监测方法

常用的渗流量监测方法有容积法、量水堰法和测流速法。可根据渗流量的大小和汇集条件选用。

（1）容积法，其适用渗流量小于 1L/s 的渗流监测。监测时，可采用容器（如量筒）对一定时间内的渗水总量进行计量，然后除以时间就能得到单位时间的渗流量。如渗流量较大，也可采用过磅称重的方法，对渗流量进行计量，同样可求出单位时间的渗流量。

（2）量水堰法，其适用渗流量 1~300L/s 时的渗流监测。用水尺量测堰前水位，根据堰顶高程计算出堰上水头 H，再由 H 按量水堰流量公式计算渗流量。量水堰按断面可分为三角形堰、梯形堰、矩形堰三种。

（3）测流速法，其适用流量大于 300L/s 时的渗流监测。将渗流水引入排水沟，只要测量排水沟内的平均流速就能得到渗流量。

（三）绕坝渗流监测

当大坝坝肩岩体的节理裂隙发育，或者存在透水性强的断层、岩溶和堆积层时，会产生较大的绕坝渗流。绕坝渗流不仅影响坝肩岩体的稳定，而且对坝体和坝基的渗流状况也会产生不利影响。因此，对绕坝渗流进行监测是十分必要的。国家相关规范对绕坝渗流监测主要有以下几点规定：

（1）绕坝渗流监测包括两岸坝端和部分山体、土石坝与岸坡或混凝土建筑物接触面，以及防渗齿墙或灌浆帷幕与坝体或两岸接合部等关键部位。绕坝渗流监测的测点应根据枢纽布置、河谷地形、渗控措施和坝肩岩土体的渗透特性进行布置。

（2）绕渗监测断面宜沿着渗流方向或渗流较集中的透水层（带）布置，数量一般为 2~3 个，每个监测断面上布置 3~4 条观测铅直线（含渗流出口）。如需分层观测时，应做好层间止水。

（3）土工建筑物与刚性建筑物接合部的绕渗观测，应在对渗流起控制作用的接触轮廓线处设置观测铅直线，沿接触面不同高程布设观测点。

（4）岸坡防渗齿槽和灌浆帷幕的上下游侧应各设 1 个观测点。

（5）绕坝渗流观测的原理和方法与坝体、坝基的渗流观测相同，一般采用测压管或渗压计进行观测。测压管和渗压计应埋设于筑坝前的地下水位之下。

绕坝渗流的测点布置应根据地形、枢纽布置、渗流控制设施及绕坝渗流区渗透特性而定。在两岸的帷幕后沿流线方向分别布置 2~3 个监测断面，在每个断面上布置 3~4 个测点。帷幕前可布置少量测点。

对于层状渗流，可利用不同高程上的平硐布置监测孔；无平硐时，可分别将监测孔钻入各层透水带，至该层天然地下水位以下一定深度，一般为 1m；必要时可在一个孔内埋设多管式测压管，但必须做好上下两测点间的隔水措施，防止层间水相通。

第四章 水利工程水土保持设计

第一节 水土保持概述

一、水土保持概念

（一）基本概念

根据《中华人民共和国水土保持法》的定义，水土保持是指对自然因素和人为活动造成水土流失所采取的预防和治理措施。《中国大百科全书·农业卷》（1990）将水土保持定义为："防治水土流失，保护、改良与合理利用山丘区和风沙区水土资源，维护和提高土地生产力，以利于充分发挥水土资源的经济效益和社会效益，建立良好生态环境的事业。"根据上述定义可知，水和土是人类赖以生存的基础资源，是发展农业生产的基本要素。水土保持工作对开发建设山区、丘陵区和风沙区，整治国土，治理江河，减少水、旱、风等灾害，维护生态平衡，具有重要的作用。

综上所述，水土保持就是在合理利用水土资源的基础上，组织运用水土保持林草措施、水土保持工程措施、水土保持农业措施、水土保持管理措施等形成水土保持综合措施体系，以达到保持水土、提高土地生产力、改善山丘区和风沙区生态环境的目的。

（二）水土保持相关术语

1.主体工程

主体工程指水利工程项目所包括的主要工程及附属工程的统称，其不包括专门设计的水土保持工程。

2.线形建设项目

线形建设项目是指工程布局及占地面积呈线状分布的工程。在水利工程中，线形建设项目主要包括输水工程、河道工程、灌溉工程等。

3.点形项目

点形项目是指工程布局及占地面积集中、呈点状分布的工程。在水利工程中，点形项目主要包括水利枢纽、闸站、泵站等。

4.设计水平年

水土保持设施正常运行并达到预期水土流失防治目标的年份。

5.水土保持设计变更

自水利建设项目初步设计批准之日起至工程竣工验收交付使用之日止，对已批准的水土保持初步设计所进行的修改和优化等活动。根据水土保持设计变更所涉及的总体布局、措施设计、投资等情况；设计变更可分为重大设计变更和一般设计变更。

（三）水利工程建设项目水土保持的特点

水利工程建设项目水土保持方案与以往的以小流域为单位的水土保持规划、设计等方案有明显的不同。水土保持方案编制必须按已颁发的《开发建设项目水土保持方案技术规范》以及《生产建设项目水土保持方案管理办法》进行编制。从这一角度讲，水利工程建设项目水土保持工作与传统意义上的水土保持既有本质的联系，又有自己的特点。具体表现为以下几方面：

（1）落实法律规定的水土保持工作。根据"谁开发谁保护，谁造成水土流失谁负责治理"的原则，凡在生产建设过程中造成水土流失的，都必须采取措施对水土流失进行治理。编制水土保持方案就是落实法律的规定，使法定义务落到实处。开发建设项目水土保持方案较准确地确定了建设方所应承担的防治责任范围，也为水土保持监督管理部门的监督实施、收费、处罚等提供了科学依据。

（2）水土保持列入了开发建设项目的总体规划，其具有法律强制性。法律规定在建设项目审批立项前，首先编报水土保持方案。这样从立项开始把关，并将水土保持方案纳入主体工程中，与主体工程"三同时"实施，从而使水土流失得以及时控制。

常规治理大多是政府行为，而建设项目则是法律强制行为。水土保持方案批准后具有强制实施的法律效力；未经批准，建设单位不得擅自停止实施或更改方案；要将其列入生产建设项目的总体安排和年度计划中，按方案有计划、有组织地实施，水土防治经费有法定来源。

（3）防治目标专一，工程标准高。防治工程的标准往往是以所保护的对象来确定，工程标准较高。常规治理以经济、社会、生态三大效益为目标，根据行业规范要求，常规治理水土流失，一般以拦蓄 10 年一遇或 20 年一遇暴雨为标准。而开发建设项目则以控制水土流失为目标，防治项目建设区水土流失和洪水泥沙对项目、周边地区的危害，保障项目区工程设施和生产安全，兼顾美化环境、维护生态平衡的效能。

（4）方案实施有严格的时间限制。常规水土保持综合治理通常根据地域水土保持规划要求和上级行政主管部门的安排，一般以 3~5 年为一个实施周期，治理的早晚一般不会产生很大的危害或影响；而建设项目水土保持方案的实施具有严格的期限，不能逾期。如铁路、公路、通信等一次性建设项目，必须在工程开工前完成水土保持方案的编制，才能预防和治理施工过程中的水土流失。

（5）与项目工程相互协调。常规水土保持综合治理采用独立编制规划和独立组织实施；而开发建设项目水土保持工作则要求其水土保持工程的布设、实施与主体工程相协调，需要结合项目施工过程和工艺特点，确定防治措施和实施时序。

（6）水土流失防治有科学规划和技术保证。按开发建设项目大小确定的甲、乙、丙级资格证书编制制度，保证了不同开发建设项目方案的质量。同时，方案的实施措施中对组织机构、技术人员等均有具体要求，从而各项措施的实施有了技术保证。

（7）有利于水土保持执法部门监督实施。有了相应设计深度的方案，即使水土保持工程有设计方案、图纸，便于实施、便于检查、便于监督。

二、水利工程水土保持技术规定

（一）一般规定

1.水利工程的水土保持

（1）控制和减少对原地貌、地表植被、水系的扰动和损毁，减少占用水土资源，注重提高资源利用效率。

（2）对于原地表植被、表土有特殊保护要求的区域，应结合项目区实际剥离表层土、移植植物以备后期恢复利用，并根据需要采取相应防护措施。

（3）主体工程开挖土石方应优先考虑综合利用，尽量减少借方和弃土（石、渣）。弃土（石、渣）应设置专门场地予以堆放和处置。弃土（石、渣）严禁直接倒入江河、湖泊和已建成的水库。

（4）在满足功能要求且不影响工程安全的前提下，水利工程边坡防护应采用生态型防护措施；具备条件的浆砌石、混凝土等护坡及稳定岩质边坡，应采取有效措施覆绿。

（5）开挖、排弃、堆垫场地宜采取拦挡、护坡、截排水及整治措施。弃土（石、渣）场设计应在土（石、渣）体稳定基础上进行。

（6）改建、扩建项目拆除的建筑物弃土（石、渣）应合理处置，优先考虑就近填凹、置于底层，其上堆置弃土的方案。

（7）施工期临时防护措施应在主体工程施工组织设计的水土保持评价基础上合理确定，宜采取拦挡、排水、沉沙、苫盖、临时绿化等临时防护措施；控制和减少施工期水土流失。

（8）施工迹地宜及时进行土地整治，根据土地利用方向，恢复为耕地或林草地。西北干旱区施工迹地可采取碾压、砾石（卵石、黏土）压盖等措施，并严格控制施工扰动。

（9）水利工程涉及的措施及投资应全部纳入水土保持设计文件。

2.移民安置工程水土保持

（1）移民安置规划及工程设计应分析研究可能产生的水土流失影响或危害，采取必要的水土流失防治措施，并计列水土流失防治费用。

（2）可行性研究和初步设计阶段移民水土保持技术文件编制要求见表4-1。

表 4-1　移民水土保持技术文件编制要求

水土保持方案（可行性研究阶段）	移民规划（初步设计阶段）	移民集中安置人口/人		专项设施复改建、防护工程土石方开挖总量/万 m³
		山区、丘陵区	平原区、滨海区	
编制移民水土保持附件	编报水土保持方案	≥1 000	≥5 000	≥100
编制移民水土保持篇章	编写水土保持设计篇章	<1000	<5 000	<100

（3）移民水土保持投资应纳入移民规划中。

（二）特殊规定

1.点形工程——水库枢纽工程

（1）应从占地、损坏水土保持设施数量、水土流失危害、水土保持防护工程量、移民占地、投资等角度，结合地形条件对水库淹没区、枢纽永久征地、临时占地等弃土（石、渣）方案进行比选，并与主体工程规划、工程设计、施工组织设计和建设征地与移民等专业相协调。

（2）施工导流、进场道路、施工道路和临建设施应做好水土流失防治工作，必要时需做出专门的水土保持设计。

（3）对于水库淹没范围内的耕地，若取土、运输、储量等条件允许，可根据水土保持需要，择机将其耕作熟土剥离，用于立地条件不佳的植被恢复区域作为覆土。

（4）弃土（石、渣）不宜弃于水库淹没区。对于高山峡谷等施工不便区域，经技术论证确需库区弃土（石、渣）的，应不影响水库设计使用功能和降低水库使用寿命。一般堆渣量不应超过水库总库容的1%，以及死库容的5%。弃土（石、渣）场宜避开水库消落带布设；占用死库容的，弃土（石、渣）场选址应考虑安全因素，不应影响水库大坝、取（用）水及泄水等建筑物安全。库区弃土（石、渣）应在施工期间采取必要的拦挡、排水等措施，确保施工导流期间不应影响河道行洪安全，不加大下游河道防洪压力。

（5）枢纽工程规划布置应充分考虑周边景观及后期运行管理，并为水土保持植被建设与恢复创造条件。枢纽区（含工程管理区）应结合景观要求进行绿化和美化。

2.点形工程——闸、泵站工程

（1）弃土（石、渣）应尽可能利用闸、泵站永久征地和周边堤防护堤地集中堆放，不宜在河道内设置弃土（石、渣）场。如确要在附近滩地设置弃土（石、渣）场的，需经充分论证，不影响行洪且符合河流治导线规划。

（2）工程管理区应结合闸、泵站景观和运行管理要求进行绿化和美化。

3.线形工程——河道工程

（1）河道扩挖弃土（石、渣）应优先结合填塘固基进行综合利用，需设置弃土（石、渣）场时，应优先考虑堤防背水侧永久管理范围，不宜设置在行洪区、泄洪区，不应对防洪安全产生不利影响。

（2）河道疏浚排泥场四周应设置围堰拦挡、场内排水措施，围堰边坡应采取植物措施；待泥浆沉淀固结后，排泥区顶面应进行土地整治，结合环境保护要求恢复耕地或植被。

（3）河道扩挖土方应尽可能与筑堤相结合，以减少取土场、弃土场占地面积。护坡工程削坡土方应采取合理施工方法或防护措施，避免土方落入河道。

（4）措施布置应根据穿越农村、城镇、重要景观区等情况，充分考虑河岸生态景观建设，并与河道生态景观规划相协调。

4.线形工程——输水和灌溉工程

（1）处于重要生态功能区且植被难以恢复的山丘区，应采用隧洞输水方案。山区、丘陵区深挖、高填段可能产生较大水土流失影响的，应尽可能采用隧洞、管涵、渡槽等输水方式，边坡宜采用综合护坡形式。

（2）沿山前丘陵阶地布置的输水、灌溉工程，线路布置比选和施工组织设计应充分考虑渠线坡面洪水和水系，调整对水土流失产生的影响，并采取必要的措施。

（3）弃土（石、渣）场不宜布设在挖方渠段汇水侧，尽量布设在渠道坡面汇水的下游侧。输水明渠的弃土（石、渣）宜结合防洪堤、渠堤永久征地和料场地堆存，并采取适当防护措施。

（4）渠道开挖弃土弃渣应结合渠堤填筑，优先堆放渠道管理范围内；改线渠道优先考虑回填原有渠道；田间工程弃土一般就近平整。

（5）明渠输水的护渠林树种选择，以及埋涵、管线工程区植被恢复措施应考虑后期运行管理要求。

（6）沿坡面开挖的渠道，应在渠道上坡侧采取截排水、护坡等防护措施，必要时可设密植灌木林带，控制入渠泥沙量。

（7）风沙区明渠工程，断面成型时应及时布设沙障等工程措施。施工完毕后，宜结合已有工程措施布设防风固沙植物措施。

5.移民安置区水土保持工程

（1）移民安置点宜选择地形平缓、土石方挖填量相对较少区域。对于山区、丘陵区等移民安置点，应合理确定安置区竖向布置规划，宜采取分台布置方案，避免大挖大填，并配套相应护坡、排水措施。集中安置区绿化指标应与林草植被覆盖率指标相协调。

（2）铁路、公路等专项设施复改建应充分考虑各工程类型特点，尽可能提高桥、隧比例；根据地形地貌特点，合理布设渣料场及路基、路堑边坡的水土流失防护措施。

（3）安置点或防护工程要合理选择料场，在满足防洪安全前提下对防护堤边坡采取生态型防护措施，弃土（石、渣）尽可能利用堤防永久占地或回填垫地，重视防护区的截排水措施。

（4）抬田工程要做好表层耕作土剥离防护措施，优先利用库区内淹没耕地取土或工程弃土作为填方。

三、水土保持设计主要内容

（一）规划阶段

规划阶段水土保持设计应符合下列规定：

（1）根据主体工程规划情况，编写"水土保持"篇章，并纳入工程可行性研究报告。

（2）结合主体工程设计有关资料，进行水土保持初步调查，以资料收集方法为主。

（3）规划阶段水土保持设应包括以下内容：简要说明规划工程区水土流失现状及治理状况，说明"三区"划分情况，进行主体工程水土保持初步评价，初步分析规划实施可能产生的水土流失影响；初步明确水土流失防治重点区域，提出水土流失防治总体要求，初步拟定水土保持措施布局并估算水土保持投资。

（二）项目建议书阶段

项目建议书（或预可行性研究）是建设某一具体项目的建议文件，它是建设程序中最初阶段的工作，是投资决策前对拟建项目的轮廓设想。其主要作用是说明项目建设的必要性、条件的可行性和获利的可能性；确定工程任务、规模，比选和初拟方案，进行投资估算和经济评价。根据国民经济中长期发展规划和产业政策，由审批部门决定是否立项。

项目建议书阶段水土保持设计应符合下列规定：

（1）根据主体工程设计情况，编写"水土保持"篇章，纳入工程可行性研究报告。

（2）结合主体工程设计有关资料，进行水土保持初步调查。

（3）篇章应包括以下内容：简要说明项目区水土流失现状及治理状况，明确"三区"划分；明确水土流失防治责任范围界定原则，初估防治责任范围；初步分析项目建设过程中可能产生的水土流失并进行估测其影响，从水土保持角度对工程总体方案进行评价并提出相关建议；基本明确水土流失防治标准，初拟水土保持布局与措施体系以及初步防治方案；提出水土保持监测初步方案；确定水土保持投资估算原则和依据，初步估算水土保持投资；提出水土保持初步结论以及可行性研究阶段需要解决的问题和处理建议。

（4）点形工程应根据工程规划布置布设水土保持措施，估算工程量及投资；线形工程应根据典型工程设计布设水土保持措施，并推算工程措施数量，估算投资；线形工程的弃土（石、渣）场、取土场以及临时道路、移民安置及专项改建等可选择区域类比工程按指标法进行工程量估算及投资估算。

（5）附图主要包括水土流失防治责任范围及措施总体布局示意图，典型区段水土保持措施布置图。

（三）可行性研究阶段

在可行性研究阶段，工程设计的主要任务是进行方案比选，基本确定推荐方案；估算投资和进行经济分析。重点是通过技术经济分析比较确定可行的方案。

可行性研究阶段水土保持设计应符合下列规定。

（1）应根据主体工程设计情况，编写"水土保持"篇章及水土保持方案，且两者主要内容和投资保持一致。

（2）水土保持专业会同施工、移民、地质勘查等专业进行渣场选址，工程块石料、土料、砂石料场等选址规划应征求关于水土保持方面的意见。

（3）篇章应包括以下内容：简述项目区水土流失及其防治状况；进行主体工程水土保持评价；确定水土流失防治责任范围，并进行水土流失防治分区；进行水土流失预测，明确水土流失防治和监测的重点区域；确定水土流失防治标准等级及目标，确定水土保持措施体系与总体布局，分区进行水土流失防治措施布设，明确水土保持工程的等级、设计标准、结构型式，基本确定水土保持措施量和工程量；进行水土保持施工组织设计，确定水土保持工程施工进度安排；确定水土保持监测方案，提出水土保持工程实施管理意见；估算水土保持投资，并进行效益分析；提出水土保持结论与建议。

（4）对于丘陵区、山区的1、2、3级弃土（石、渣）场应初步进行地质勘查。

（5）应开展区域类似水利水电工程水土保持措施实施效果的现场调查。

（6）工程可行性研究报告附图应包括：水土流失防治责任范围及措施总体布局图、主要水土保持措施典型设计图。

（四）初步设计阶段

初步设计的主要作用是根据批准的可行性研究报告，对设计对象所进行的通盘研究、概略计算和总体安排；其目的是阐明在指定的地点、时间和投资内，拟建工程技术上的可能性和经济上的合理性。

初步设计阶段水土保持设计应符合下列规定：

（1）应根据批复水土保持方案，编制"水土保持设计"篇章。

（2）根据水土保持工程布置情况，对地形、地貌、土壤、植被、水土流失等情况按地块进行复核；山丘区弃土（石、渣）场、料场地形图测绘比例尺，局部地段根据情况可适度放大，测量范围应涵盖设计提供的弃土（石、渣）场占地面积边缘以外（坑洼地边缘）50m，遇周边有居民点、农田、公路、河流等防护对象应适当增加范围；对于丘陵区、山区的1、2、3级弃土（石、渣）场应进行地质勘探。

（3）篇章应包括以下内容：简述水土保持方案报告书主要内容和结论性意见，根据主体工程初步设计情况复核水土流失防治责任范围、损坏水土保持设施面积、弃土（石、渣）量、防治目标、防治分区和水土保持总体布局，对其中调整内容说明原因。确定水土保持工程设计标准，按防治分区，逐项、逐区提出水土保持工程措施设计和植物措施设计；计算水土保持工程量，细化水土保持施工组织设计；开展水土保持监测设计，提出水土保持工程管理内容；编制水土保持投资概算。

（4）附图应包括水土流失防治责任范围及措施总体布局图；分区水土保持措施设计图，包括弃土（石、渣）场布置图、剖面图、工程措施断面设计图、植物措施配置图、临时工程设计图；水土保持监测点位布置图。

（五）施工图设计阶段

施工图设计阶段应符合下列规定：

（1）施工图设计阶段应编制《水土保持施工说明书》。

（2）弃渣场设计的地形测绘比例尺应为 1∶1000~1∶5000，测量范围应涵盖设计提供的弃土（石、渣）场占地面积边缘以外（坑洼地边缘）50m，根据地形情况选择控制断面进行测量；断面间距 30~50m，并对场区周围的企业、村庄、河流、道路进行标示。

（3）拦渣工程、护坡工程等单项措施设计的地形测绘比例尺应为 1∶500~1∶2000，局部地段根据情况可适度放大，并提供地质详勘图纸及资料。

（4）设计图纸应包括：水土保持工程总体布置图；单项工程平面布置图、剖面图、结构图、细部构造图、钢筋图及植物措施图。

（六）水土保持设计变更

水土保持重大设计变更应编制设计变更报告，应提出主要变更原因，对水土流失防治责任范围进行复核，重新对水土保持措施进行分区及布局，对照初步设计进行水土保持措施变更设计，并分析投资变化原因。

符合下列条件之一属于水土保持重大设计变更：①当主体工程规模或布置发生变化，且主体工程土建部分提出重大设计变更；②总弃土（石、渣）量 500 万 m³ 以上的增加 20%，100 万~500 万 m³ 的增加 30%，且弃土（石、渣）场位置和防护措施发生重大变化；③增加或减少重要的水土保持措施，水土保持工程量有重大改变；④水土保持措施费用增减 30%。

第二节　水土保持设计理念与原则

一、设计理念的内涵与外延

设计理念是设计人员在设计构思过程中所确立的主导思想，对工程总体设计尤为重要，是设计思想的精髓所在。从更高层次讲，就是通过设计理念的应用和贯彻，赋予某一工程设计具有个性化、专业化的独特内涵、风格和效果。水利工程水土保持设计理念就是从水土保持角度对工程总体设计思想的补充和完善，评价工程建设是否做到有效保护和利用水土资源，是否恢复生态环境，是否与水、土、生态、景观相协调。

水土保持设计理念的内涵就是将水土流失防治、水土资源合理利用、生态恢复、景观重建与主体工程设计紧密结合起来；通过抽象和归纳形成的水土保持总体思路，目的主要是提出约束和优化主体工程总体规划与布置、主体工程设计意见和要求，这对扭转重结构设计轻外观设计、重视工程设计轻生态景观设计、重刚性措施轻植物措施的工程设计思想具有重要意义，并且能够通过优化主体工程设计减少弃土弃渣量和开挖扰动面积，有效控制水土流失，是水土保持设计理念的内在作用。

水土保持设计理念的外延就是根据水土保持、生态和景观的综合要求，提出与工程设计相适应的水土流失防治措施的总体布局和设计思路，是水土保持设计理念的外在作用。外在作用只通过内在作用才能真正发挥效力。因此，只有通过水土保持设计与主体工程设计的互动，才能提出工程与地貌、植被、土壤、水体等景观要素协调与融合的设计方案。

二、设计理念的应用与实践

（一）约束和优化主体工程设计

水利工程水土保持设计各阶段技术文件是贯彻《中华人民共和国水土保持法》规定的"三同时"制度的一个重要环节，即建设项目中的安全设施设备必须与主体工程同时设计、同时施工、同时投入使用，以确保相关生产经营场所安全设施设备的合理配置和及时到位，为安全生产提供保障。可行性研究阶段的水土保持方案是水行政主管部门批复的具有法律约束力的设计文件。它既是对工程设计、施工、管理的法律约束，也是对水土保持后续设计的指导性技术文件。

因此，水土保持设计理念首先是从水土保持角度约束和优化主体设计，即以主体工程设计为基础，本着事前控制原则，从水土保持、生态、景观、地貌植被等多方面全面评价和论证主体工程设计各个环节的缺陷与不合理，提出主体工程设计的水土保持约束性因素相应设计条件及修改和优化意见和要求，重点是主体工程选址选线方案比选、取料和弃渣场选址的意见和要求。

水利工程开挖量一般较大，弃渣场的选择尤为重要，如水库工程除满足《水利水电工程水土保持技术规范》一般要求外，还要求弃渣场不宜布置于水库淹没区内，确需在水库淹没区弃渣的，弃渣场宜避开水库消落带，占用死库容的，弃渣场选址不应影响水库大坝、取（用）水及泄水等建筑物安全及运行；对于高山峡谷等施工布置困难区域，经技术经济论证后可在库区内设置弃渣场，但应不影响水库设计使用功能；水闸及泵站工程，弃渣应优先利用闸、泵站永久征地和周边堤防护堤地集中堆放；不宜在河道内设置弃渣场，确要在附近滩地设置弃渣场，应经充分论证并不得影响行洪安全；输水及灌溉工程弃渣场优先布设在渠道坡面汇水的下游侧，不宜布设在挖方渠段汇水侧。输水明渠的弃渣宜结合防洪堤、渠堤永久征地和料场迹地堆放，并采取防护措施。

（二）充分考虑弃土弃渣综合利用

弃渣是水利工程项目建设生产过程中造成水土流失的最主要因素。合理利用弃土弃渣，并通过工程总体方案比选和施工组织设计优化减少弃渣量是水土保持评价的核心与重点。这不仅能够最有效地减少水土流失量，而且是实现循环经济的有效途径。在特定技术条件下，某一弃渣就是一种资源。因此，应通过各种技术实现综合利用，这比被动拦挡防护更经济更环保。水利工程建设中，弃渣（土、石）可在本工程或其他工程建设回填利用，或加工成砂石料和混凝土骨料等；或回填于荒沟，通过坝前、输水管线两侧填土造地，以增加土地资源；甚至也可以通过主体工程总体规划充分利用弃渣就势置景，使弃渣场成为景观建设的组成部分。因此，水土保持设计评价应优先考虑弃土弃渣综合利用，提出相应意见与建议，并在主体工程设计中加以落实。

（三）着力强化水土资源节约利用

1.节约和利用土地资源

水利工程项目在建设和生产时，需征用和占用大量土地，因此必须牢固树立节约、整治和恢复利用土地的理念，充分协调工程规划、施工组织、移民等工作。通过优化建（构）筑物布置、弃土弃渣综合利用，取料场与弃渣场联合应用等措施来减少土地特别是耕地占压，并采取整治措施恢复土地的生产力。例如，南水北调中线一期工程要求弃渣场及取土场距离总干渠两边原则控制在 500m 以上，这规定了取土场取土限制深度，要求取土后尽可能用弃渣回填，布置在平原区的渣场边坡控制在 1：5 左右，保证弃渣完成后可进行耕作。施工组织设计据此做了大量的优化工作，从而大大减少了弃渣场数量、土地的占压和植被的破坏，有效保护沿线植被和景观。

2.保护和利用土壤

据研究，在自然条件下每形成 2.5cm 的土壤层，需要 300~1000 年的时间。"土壤布在田，能者以为富"，表土中含有较多的矿物质、有机质及微生物，是万物生长的良好基础。因此，表土是一种十分珍贵的资源，必须尽最大可能加以保护。特别是在生态脆弱地区，表土一旦被破坏，生态也就没有恢复的可能，保护和利用好地表土就显得尤为重要。因此，保护和利用土壤，特别是表土，是水利工程水土保持设计中极为重要的理念，水土保持设计之初就必须根据主体工程施工组织设计进行土方平衡及覆土用量计算，并落实表土剥离、堆放和恢复。水电工程施工区一般具有陡峻、沟谷狭窄、悬崖峭壁多见、耕地分布少等特点，土壤土层普遍较薄，如我国金沙江水电基地，水能资源丰富，规划梯级集中。但该地区也是我国水土流失较为严重的区域之一，表土资源显得尤为珍贵。向家坝水电站建设过程中，针对施工区表土资源，在设计之初建设单位便编制《向家坝工程施工区表土资源保护方案》，根据后期绿化面积，确定表土所需数量，在"三通一平"施工期间，提前剥离表土，堆置在不受施工影响、地形平缓处，结合施工场地布置进行防护，后期利用与场内绿化或复耕。根据测算，对比场内表土开采、运输、管护费用与新开采土料场开采、运输费用，向家坝表土剥离、防护方案节约成本 2 500 万元。

3. 充分利用降水资源

水利工程建设项目不仅在生产建设过程中改变区内的地形和地表物质组成等条件，而且因为平整和硬化地面，导致径流损失加大，这不仅对周边造成冲刷，一定程度上也破坏正常的局地水循环。因此，通过拦蓄利用或强化入渗等措施，充分利用降水资源，也是水土保持设计的一项重要理念。在降雨较多的地区采用强化入渗的水土保持措施，能够改善局地水循环，减少工程建设对所在区域及周边的影响；有条件的地区，还可利用引流入池，建立湿地，净化水质，做到工程建设与降水利用、水土保持、生态恢复相结合；在水资源紧缺或降雨较少的地区，建设拦集蓄引设施，充分收集汛期的降水，用于补灌林草，既提高植被成活率和生长量，又节约水资源，降低运行养护成本。

（四）重视植被的保护、利用与恢复

1. 保护和利用植被

在主体工程与水土保持设计过程中，要树立保护与利用植被的理念。通过选址选线、总体方案比较、优化主体工程布置等措施保护植被。这在生态脆弱的高原高寒地区、干热河谷区尤为重要，因为植被一旦破坏，将很难恢复。在水库工程建设中通过合理比选工程规模，尽可能减少植被淹没，这样既减少淹没补偿投资，又保护了生态。另外，在工程建设中对可能被损坏的植被加以利用也十分重要。例如，浙江老虎潭水库在建设过程中，将淹没区的树木提前移植出来，在管理区假植，为后续建设区植被恢复准备苗木，就是很好的例证。

2. 保障安全和植被优先

植物措施能够有效防治项目建设区水土流失、丰富景观、美化环境，因此在保障工程安全的前提下，坚持植被优先，工程措施和植物措施相结合，优先发挥植物的生态景观效果，已成为工程设计的重要理念。例如，工程建设项目在建设过程中产生的开挖和堆垫边坡防护，传统上总是采用硬防护措施，如混凝土挡土墙、浆砌石拦渣坝和护坡等，结果使得工程造价很高，视觉效果差，更谈不上生态景观重建。因此，在边坡、施工迹地、弃土弃渣场、取料场的防护设计中应尽量采取林草措施，或植物与工程相结合的措施，着力提高植被覆盖率，恢复和改善生态环境。近年来，我国在水利工程中水土保持取得了长足的进步。例如，湖北省清江隔河岩水电站、三峡工程在开挖边坡时采用植被混凝土技术；海南省大隆水利枢纽、浙江省华光潭梯级水电站的电站厂房后高陡边坡采用植物护坡措施。这既降低了造价，又控制了水土流失，还取得了明显的生态景观效果。随着经济发展和人们生态文明建设意识的提高，工程设计开始向生态景观型设计发展。

（五）注重生态景观的恢复和重塑

1.充分应用植物措施，重建生态景观

植物措施是生态景观建设的灵魂，没有植物生存就难有动物的存在，没生命的景观是死寂的景观。传统的工程措施一般是圬工结构或礓结构，其视觉效果较差，没有生机。因此，将各类裸露地复绿，并与主体工程设计及周边生态景观相协调，使工程景观与植物景观协调，达到人与自然和谐、工程与生态和谐，是水土保持设计极为重要的理念。水土保持植物措施设计必须做到工程、生态与景观相结合，统筹考虑主体建筑（构筑）物的造型、色调、外围景观（包括周边河湖水体、植物、土壤）等，使之在微观尺度和宏观尺度上与周边环境的协调与融合，特别是在水利水电工程移民安置区，应考虑景观需求，利用植物外部形态、色彩、季相、意境等合理选择和配置植物种及其结构，并辅以布置园林小品，形成富有内涵的生态景观；综合应用"清、露、封、透、秀"等多种景观手法，提升景观效果。

同时，应注重乔灌草合理配置，多种植物相结合，采用乡土植物种，降低养护成本，在满足工程运行安全要求的情况下，优化植物措施配置。例如，供水明渠两侧最好种植常绿树种，落叶不对水质产生较大影响；水电工程施工区场内公路两侧有弯道的地方不能种植遮挡视线的高大乔木；冶炼化工厂应选择种植抗污性强的植物；输水管线的上方不能选择根系发达的乔灌木等。

2.人与自然和谐相处，实现近自然生态景观恢复

近年来，建设项目区的生态与景观设计又进一步向近自然恢复发展。从今后发展趋势看，应树立人与自然和谐、工程与生态和谐的理念，在工程总体规划与设计中充分利用原植物景观，使之与主体建筑景观和周边环境景观相协调，并有机融合，实现近自然生态景观恢复。

传统的工程追求整齐、光滑、美观、壮观，突出人造奇迹，如河道整治、引水渠等工程将边坡修得三面光，呈直线形，这既不利于地表和地下水分交换和动植物繁衍，陡滑的坡面也不利于乔木、灌木生长和人、水、草相近相亲。在稳定的前提下，开挖面凸凹不平，便于土壤和水分的保持，有利于植物生长，恢复后的景观自然和谐。排水沟模拟自然植物群落结构的植被恢复方式、生态水沟代替浆砌石水沟及坡顶（脚）折线的弧化处理等，更贴近自然。

（六）防治措施可操作性理念

1.水土流失防治责任范围应结合类似工程予以准确界定

防治责任范围是项目建设单位依法承担水土流失防治责任任务区域的重要依据，部分水土保持方案对直接影响区忽略或简单界定，直接影响到区域受到扰动破坏面积的全面防治。水土保持设计要认真分析各施工单元的特点，根据类似工程，调查其直接影响范围，务必如实计入，分析其敏感性并加以防治。例如，主体工程开挖在平原区外延 1~2m 即可，在山地丘陵区，根据地形坡度的不同，上方取 1~10m，下方取 3~50m。水库淹没造成的未纳入水库淹没影响区的塌岸区域应计入直接影响区，并根据地质调查资料分析可能发生塌岸的地段，合理估算确定坍塌范围和面积。

2.总体防治方案重原则、重理念，典型设计重典型

水库工程、引调水管线工程可行性研究阶段设计的侧重点不一。在土建工程及施工布置尚不具体的实际情况下，若硬性要求措施具体、工程数量准确是比较困难的。在可行性研究阶段应针对不同水利水电工程特征，提出项目适宜的防治理念和防治措施的原则性要求，这主要体现在不同类型的典型设计上，以能落实到主体工程后续设计中为根本目的。因为，随着主体设计阶段的深入，很多相关设计如自采料场、渣场、生产生活区及施工便道的数量及位置，均会有所变动。同时，典型设计一定要具备典型代表性，

且防治措施要全面。

三、水土保持设计原则

水利水电工程建设项目水土保持设计应遵循以下原则：

（一）落实责任，明确目标

根据《中华人民共和国水土保持法》确立的"谁开发谁保护，谁造成水土流失谁负责治理"的原则，通过分析项目建设和运行期间扰动地表面积、损坏水土保持设施数量、新增水土流失量及产生的水土流失危害等，结合项目征占地及可能产生的影响情况，合理确定项目的水土流失防治责任范围，即明确生产建设单位负责水土流失防治时间与空间范围，明确其水土流失防治目标与要求；特别是应根据项目所处水土流失重点预防区与重点治理区及所属区域的水土保持生态功能重要性等，确定其水土流失防治标准执行的等级，并按防治目标、标准与要求落实各项水土流失防治措施。

（二）"三同时"原则

开发建设项目水土保持设施必须与主体工程同时设计、同时施工、同时投产使用。水土保持设计文件阶段划分与设计深度与主体工程保持一致。

（三）预防为主，保护优先

在治理工程建设直接产生的水土流失的同时，最大限度预防新的水土流失，从而提高防治效果。充分利用主体工程方案优化和施工组织设计优化减少弃土弃渣和取土工程量，达到减少水土流失的目的。项目工程建设区，采取工程措施与生物措施相结合，以植物措施为主，尽量减少人工雕琢的痕迹，并与周边环境相协调。施工生产生活管理用地除采取水土流失防治措施外，还应在生态优先的前提下进行复耕。水土保持设计思路应由被动治理向主动控制转变，特别应注重与施工组织设计紧密结合，完善施工期临时防护措施，防患于未然。

（四）综合治理，因地制宜

"综合治理，因地制宜"不仅适应于小流域综合治理，也同样适用于水利工程建设项目的水土保持。

所谓综合防治就是指水利工程建设项目布设的各种水土保持措施要紧密结合，并与主体设计中已有措施相互衔接，形成有效的水土流失综合防治体系，确保水土保持工程发挥作用。因地制宜就是根据建设项目自然条件与预测可能产生的水土流失及其危害，合理布设工程、植物和临时防护措施。由于我国地域辽阔、气候类型多样，地域自然条件差异显著，景观生态系统呈现明显的地带性分布特点，植物种选择与配置设计是能否做到因地制宜的关键，必须引起高度重视。

（五）综合利用，经济合理

水利建设项目都是要进行经济评价的，其产出和投入首先必须符合国家有关技术经济政策的要求。水利工程水土流失防治所需费用是计列在基本建设投资或生产费用之中的，因此加强综合利用，建立经济合理的水土流失防治措施体系同样是水利工程水土保持设计所必须遵循的原则之一。如选择取料方便、易于实施的水土保持工程建（构）筑物；选择当地适生的植物品种，降低营造与养护成本；选择合适区段保护剥离表层土，留待后期植被恢复时使用；提高主体工程开挖土石方的回填利用率，以减少工程弃渣；临时措施与永久防护措施相结合等。这些都是这一原则的具体体现。

水土保持措施、防洪保安、生态环境建设的布置要以保护主体工程安全、稳定为目标，构筑成一个整体性系统工程。水土保持设计与主体工程设计相互衔接，水土保持措施的实施与主体工程建设进度相适应，减少防治费用。

（六）生态优先，景观协调

随着我国经济社会的发展，广大人民群众物质、精神和文化需求日益提高，水利工程建设项目的工程设计、建设在满足预期功能或效益要求的同时，也逐步向"工程与人和谐相处"方向发展。由于植物是具有自我繁育和更新能力的，植物措施实际也就成为水土流失防治的根本措施，同时也具有长久稳定的生态与景观效果，这是其他措施不可替代的。因此，水利水电工程水土保持设计必须坚持"生态优先，景观协调"原则，措施配置应与周边的景观相协调，在不影响主体工程安全和运行管理要求的前提下，尽可能采取植物措施。

第三节　水土保持设计实施措施

一、坡面治理工程

坡面工程是治理面状侵蚀防止坡面水土流失的一系列工程技术措施的总称。水对坡面土壤的侵蚀主要有降雨对坡面的击溅侵蚀和降水所形成的地表径流对坡面的冲蚀两方面。就降雨而言，并不是一切规模的降雨都会对坡面土壤发生侵蚀作用。

坡面工程规划设计标准：根据水利部颁发的《水利水电工程水土保持技术规范》（SL 575-2012）规定，水土保持坡面工程"应能拦蓄一定频率的暴雨径流泥沙，超标准洪水允许排泄出沟"，且坡面工程设计标准为拦蓄 5~10 年一遇 24h 最大暴雨。目前我国南方均按拦蓄 10 年一遇 24h 最大暴雨进行设计。

在进行坡耕地或荒地治理规划的基础上，因地制宜地在水土流失坡面上规划布设蓄水沟、水窖、蓄水池、鱼鳞坑和截流沟等坡内小型蓄排水工程，以蓄排多余的雨水径流、保护梯田等坡面耕作区的安全、减少径流泥沙的入沟侵蚀量，建立完整的坡面水土保持防护体系。在我国南方和北方雨量较多的地区，都应考虑在坡面上规划布设小型蓄排水工程。规划布设小型蓄排水工程时须考虑以下原则：

第一，坡面小型蓄排水工程应与坡耕地治理中的梯田、保水保土耕作等措施和荒地治理中的造林、种草等措施紧密结合，配套实施。

第二，在坡耕地治理的规划中，应将坡面小型蓄排水工程与梯田、保水保土耕作措施进行统一规划，同步施工，达到出现暴雨时能保护梯田区和保水、保土耕作区安全的目的。同时，小型蓄排水工程的暴雨径流和建筑物设计，也应考虑梯田和保水、保土耕作措施减少径流泥沙的作用。

第三，在荒地治理的规划中，应将坡面小型蓄排水工程与造林育林、种草育草统一规划，同步施工，达到出现设计暴雨时能保护林草措施的安全。同时，小型蓄排水工程的暴雨径流和建筑物设计，也应考虑造林育林和种草育草减少径流泥沙的作用。

第四，坡面小型蓄排水工程还应考虑蓄水利用。

（一）蓄水沟设计

蓄水沟又称平水沟，沿等高线修筑，沟底水平，其用来拦截梯田或坡地上游降雨径流，使其转变为土壤水，因沟域均保持水平故又称为等高沟埂。蓄水沟在我国南方多暴雨的山区田间及坡面应用较为普遍。

1.蓄水沟设计原则

蓄水沟的间距和断面大小，应保证设计频率暴雨径流不致引起土壤流失，即蓄水沟截面大小要满足能拦蓄其控制的设计频率暴雨径流，蓄水沟的间距应使暴雨径流不引起坡面土壤侵蚀。蓄水沟的间距随山坡的陡缓及雨量的大小而异。在缓坡上一般为 5~7m；在陡坡上为 4~10m，雨量大的地区取小值。蓄水沟的横断面尺寸，一般情况下沟深度为 0.5~1.0m，沟底宽度为 0.4~0.7m，沟口宽为 0.8~1.2m，土埂高度为 0.4~0.7m，填顶宽为 0.3~0.5m，填底宽为 1.2~1.5m。沿蓄水沟纵向每隔 5~10m 设一道横档，以保证沟底不平时蓄水也能较均匀地下渗。

2.蓄水沟布置

布置蓄水沟应根据山坡地形状况进行。在较规整的山坡上，蓄水沟可按设计间距，成水平连续布置，分段拦蓄坡面径流。在切割严重的山坡上，结合治沟；在冲沟内修筑谷坊群，在坡面上修筑等高蓄水沟，使谷坊与蓄水沟共同承担蓄水拦沙任务。

由于蓄水沟的蓄水能力有限，为防止超设计暴雨而造成破坏，一般在布置蓄水沟时，还应设置泄洪口，使超量径流有出路。解决的办法是每隔 1~2 条蓄水沟布置一条截流沟，将水流引出坡面；或者挖筑一定数量的蓄水池，将超设计径流储存起来，干旱时用于灌溉农田。

3.蓄水沟施工

蓄水沟的工程量均按挖方断面的土方量计算。蓄水沟施工主要包括确定基线、放土埂和开沟中心线，埂基清理，挖沟及筑埂等工序。

（1）确定基线和放土埂和开沟中心线。蓄水沟的基线为垂直等高线的直线。一般在坡面上可以确定一条或几条，以控制整个坡面；然后按蓄水沟的设计间距将基线分段，得到沟埂基点。从基点开始，用仪器或工具测出与基点等高的土埂中心线。同样，按埂与沟中心的距离，放出开沟中心线。

（2）埂基清理。按土埂设计的基底尺寸，沿土壤中心线两侧清理地基，清基时要求消除坡面上的浮土、植物根系，并将坡面修成倒坡台阶。

（3）挖沟及筑埂。按开沟中心线和沟断面尺寸，开挖蓄水沟的挖方部分。将挖出来的土做埂，做埂时要求夯压密实，使土埂达到稳定。开沟时，应注意在沟底每隔 5~10m 留一道高度为沟深 1/3~1/2 的横向土隔墙。

（4）留好蓄水沟的泄洪口。按设计布置留好蓄水沟的泄洪口，并挖好泄水道。为了防止泄流冲刷，一般泄水口及泄水道应用块石或草皮衬砌保护。

蓄水沟施工时，由于土埂不易夯实，雨后容易被冲蚀，同时蓄水沟也会沉积泥沙，使蓄水沟容量减少。因此，在雨前雨后应对蓄水沟（埂）进行维修养护，以维护土埂的等高水平。修补时，用蓄水沟内的沉积土。

蓄水沟施工完成后，应按规划要求在蓄水沟的沟（埂）内侧植树造林。在土埂外坡上铺草皮或栽种灌木（如山毛豆和胡枝子等）以保护土埂安全，对整个坡面也应按规划要求合理配置林草措施，尽快地控制整个坡面的土壤侵蚀。

（二）蓄水池设计

蓄水池是在地面挖坑或在洼地筑坑用以拦蓄地表径流和泉水的小型坡面蓄水工程。在我国北方习惯称为涝池，南方常称为水塘、池塘等。其任务就是拦蓄上游径流、泥沙，防止水土流失和储蓄水量用于灌溉。

蓄水池的设计一般按其所承担的主要任务，分别采用以下几种方法：

1.按蓄水拦沙、防止水土流失要求设计

设计时，应使蓄水池容积大于或等于上游设计降雨径流量与泥沙总淤积量之和，见公式（4·1）：

$$V \geqslant W \quad （4 \cdot 1）$$

式中 V——蓄水池容积，m^3；

W——上游设计降雨径流量与设计泥沙总淤积量之和，m^3。

上游泥沙径流总量可用式（4·2）计算：

$$W=\frac{(h_1\varphi+nh_2)F}{0.8} \quad （4·2）$$

式中 h_1——设计频率 24h 最大暴雨量，m^3；

h_2——土壤年侵蚀深度，m；

φ——径流系数，采用当地经验值；

N——淤积年限，n=5~10；

F——集水面积，m^2。

蓄水池按不同形状（如圆柱形、矩形和锅形等）计算出具体尺寸并使 $V \geq W$。水池内所蓄水，应尽量用于灌溉农田或待泥沙淤积后，及时放空。

2.按储蓄水量、用于灌溉要求设计

设计时，应满足农田灌溉蓄水量，同时也满足蓄水拦沙的要求。灌溉农田蓄水容积计算公式（4·3）：

$$V_1=\frac{\sum A_iM_i}{\eta+nh_2} \quad （4·3）$$

式中 V_1——灌溉需要蓄水池容积，m^3；

A_i——某作物种植面积，hm^2；

M_i——某作物每公顷地一次最大需水量，旱作物面积 M=900~1050m^2，水稻应按泡田期用水 M=145~155m^2；

η——池水有效利用系数，η=0.7~0.8；

其他符号意义同前。

蓄水池容积 V 要求：$V \geq W$ 且 $V \geq V_1$，式中 W 按公式计算。

规划布置蓄水池时，应满足有利于引水入池和自流灌溉的要求，同时蓄水池不应靠近陡坎、切沟，防止渗水造成沟坎倒塌。一般最小距离应大于 2~3 倍的沟（坎）深度。

3.按养鱼或水域利用进行设计

若利用挖损坑、塌陷坑蓄水养鱼或作其他水域利用，要防止泥沙或其他污染物进入蓄水池内。设计可参照灌溉用蓄水池。

4.以泥沙沉积为目的的蓄水池设计

除上述一般情况下田间和坡面蓄水工程外，还有一种是利用挖损坑或塌陷地或低凹地修筑的蓄水池，其目的是拦蓄利用地面径流，减少冲刷。若专门用于沉淀淤泥泥沙，即为沉淀池，其设计原理基本上与蓄水池相似，只是要充分考虑径流含沙量（或其他泥沙物质含量）、淤积年限、清淤次数及相隔期限。

此外，还有旱井和水窖等蓄水工程。

（三）截流沟设计

截流沟又称导流沟，是在坡面上与等高线斜交开挖的排水沟，沟底具有一定坡度。它的作用是将坡地上部的径流导引至天然冲沟，保护下部田地免遭冲刷。截流沟的断面形式同蓄水沟，一般均为梯形。截流沟不仅可以切断坡上产生的暴雨径流，还可以将径流按设计要求引至坡面蓄水工程或农田、林地和草场。由于水流在沟内流动，故沟底不留土隔墙，但需控制水流速度，防止沟内发生冲刷。当截流沟通过突变地形时，要设置适当的衔接建筑物消能防冲（如跌水和陡坡等）。

在设计时根据截流沟的位置、地形、土壤、植被及设计降雨强度等因素，按式（4·4）计算出截流沟的最大过流量 Q_{max}：

$$Q_{max}=\frac{(I_1-I_2)F}{0.8\times60} \quad (4\cdot4)$$

式中 Q_{max}——最大径流量，m^3/s；

I_1——设计频率降雨强度，mm/min；

I_2——土壤平均入渗强度，mm/min；

F——集雨面积，hm^2。

然后，根据沟线土壤特性选定其允许不冲流速 $v_{不冲}$，计算出沟底坡度 i 和沟断面积 A。按明渠均匀流计算，流速如公式（4·5）所示

$$v=C\sqrt{Ri}<v_{不冲} \quad (4\cdot5)$$

故沟底坡度计算公式如（4·6）所示：

$$i<\frac{v_{不冲}^2}{C_2R} \quad (4\cdot6)$$

沟断面积如公式（4·7）所示：

$$A=\frac{Q_{max}}{v_{不冲}}=\frac{(I_1-I_2)F}{4.8\times v_{不冲}}\quad（4·7）$$

由上式可以看出，沟断面积将随集雨面积的增加而加大。故一般上游的沟断面积较小，下游的沟断面积将逐渐加大。

截流沟断面尺寸计算：首先按式计算沟的底坡，并以此坡降在坡面上布置截流沟位置，再将截流沟全线分成若干个段，取分段点为断面积计算点。按集雨面积用式计算各点的过流断面积；然后按蓄水沟断面尺寸的计算方法计算截流沟各点的断面尺寸。通过对截流沟全线各分段点的计算，可得到若干个不同的断面尺寸。施工时，一般以分段点的断面作为该点上游段截流沟断面。为了避免沟断面在分段点形成突变，两个计算点之间的断面尺寸，可以作渐变安排。这样做可以减少施工工程量。

截流沟的施工：方法与蓄水沟大致相同，也有测量放线、挖沟与做埂过程，所不同的是测量放线的方法有区别。截流沟放线时，先在坡面上找到截流沟起点位置，在起点位置定基线和基点；然后从各层基点开始，用仪器按设计的底坡，放出土埂中心线；再按这条中心线在上坡挖沟取土做埂形成截流沟。为了保护截流沟，还应及时维修养护和植树造林。

（四）鱼鳞坑设计

鱼鳞坑是在被冲沟切割破碎的坡面上，由于不便于修筑水平的截水沟，于是采取挖坑的方式分散拦截坡面径流、控制土壤流失的水土保持措施。挖坑取出的土，在坑的下方培成半圆的填坑以增加蓄水量。在坡面上，坑的布置上下相间，排列成鱼鳞状，故名鱼鳞坑。

鱼鳞坑的布置及规格，应根据当地降雨量、地形、土质和植树造林要求而定。一般来说，鱼鳞坑间的水平距离（坑距）为 1.5~3.0m（约两倍坑径），上下两排坑的斜坡距离（排距）为 3.5~5.0m。坑深度约 0.4m，土埂中间部位填高 0.2~0.3m，内外坡比 1：0.5、外坡坑填半圆内径 1.0~1.5m，填顶中间应高于两头。

鱼鳞坑设计。一般按能全部储蓄设计降雨径流确定鱼鳞坑的规格及数量，另外还可根据植树造林要求来确定鱼鳞坑的规格和密度，即按植树造林的株行距设置鱼鳞坑，使每树一坑。

在鱼鳞坑蓄水过程中，当单位面积来水量大于蓄水量时，鱼鳞坑蓄满，多余的水将沿地面漫溢，流向下坡，如按贮存全部设计降雨径流设计的鱼鳞坑，遇到超设计标准降雨时，或者按植树造林要求，鱼鳞坑布置过稀，坑内蓄水容量不足时，均可能发生漫溢。鱼鳞坑发生漫溢时，最下一排鱼鳞坑的上沿土坡最易被冲蚀，因此须限制该处的流速，流速必须小于土壤不冲流速，达到坡面不发生冲蚀。

当溢出鱼鳞坑的水流可能引起坡面土壤冲刷时，可考虑每隔 2~3 列鱼鳞坑布置一条截水沟，达到既防止水土流失，又能引补水源的要求。

鱼鳞坑的施工与其他坡面工程施工方法相近似，也有定基线、放线和挖坑填埋等过程。所不同的是，鱼鳞坑放线后还应按坑距定出鱼鳞坑的开挖中心；再从每个中心划出做埂的内圆弧线（即开挖线）；然后才挖坑、做埂，并将土埂夯压密实。鱼鳞坑修成后应及时种树造林。

（五）梯田设计

1.梯田的作用

（1）坡地修成梯田，改变了地形，缩短了坡长，从而能有效地蓄水拦泥，控制水土流失。

在降雨过程中，当降雨强度一定时，坡面径流产生的冲刷能力与坡长成正比，即坡长越长，汇集的径流量越大，对坡面土壤的冲刷能力就越强。根据黄河中游各水土保持站的观测资料，梯田与坡耕地相比，可减少水土流失 85%以上。

（2）坡耕地修成梯田，改变了田面坡度，增加了土壤水分的入渗时间，从而提高了土壤涵蓄水分、养分的能力；改善了土壤的物理、化学性质，为作物生长提供了良好的环境。

在相同的径流量和径流流线长的情况下，其流速将减小一半以上，则水流的入渗时间延长、土壤侵蚀量随之减小。

（3）坡面修成梯田，由于田面坡度平缓、宽度匀整，故为机械化耕作创造了有利条件。根据试验，当坡面坡度大于 7°时，一般的农业机械就无法正常作业，其耗油量增加，而且不安全。如果将坡耕地修成水平或近似水平的梯田，只要田面有足够宽度，就完全可以在梯田上进行机械化耕作，降低了劳动强度。

（4）坡面修成梯田后，可改善农业生产条件，提高单位面积粮食产量，从而促进退耕还林还牧；调整农业生产结构，有利于保护土地资源。

（5）坡面修成梯田，为沟壑治理创造了有利条件。

坡耕地在沟壑之上，是沟壑洪水、泥沙的主要来源。坡面治理好了，就可以减轻沟壑水土保持工程措施的防洪负担，为沟壑治理、发展灌溉和农业生产、小气候的改变等创造了有利条件。

2.梯田的类型

梯田的类型可按其修建目的、种植利用情况、断面形式和建筑材料进行划分。

（1）按修建的目的和种植利用情况，可分为农用梯田、果园梯田和造林梯田。农用梯田属于基本农田，田块较平坦方正，田坎坚固顺直。林用梯田呈水平阶状，田面很窄，沿等高线随弯就势。果园梯田介于两者之间，田面宽度不强求一致。

（2）按梯田的断面型式，可分为水平梯田、隔坡梯田、坡式梯田、反坡梯田和波浪式梯田等。

一是水平梯田是在山坡上沿等高线修成田面水平、埝坎整齐的台阶式梯田。水平梯田可拦蓄雨水，减免冲刷；便于机耕，易于灌溉；增加肥力，保证高产。它是防治坡耕地水土流失的根本措施，也是丘陵沟壑区的主要基本农田。

二是隔坡梯田是梯田与自然坡地沿山坡相间布置，在两梯田之间保留一定宽度的原山坡。隔坡梯田，不但扩大了控制水土流失的面积，也集中了大于自身几倍体积的降水，这在人少地多的干旱和半干旱山区是一种较好的基本农田形式。

三是坡式梯田田面坡度与山坡方向一致，坡度改变不大，修筑的工程量小，但保持水土能力差，需结合等高耕作法的农业技术措施。这种梯田是水平梯田的过渡型式，先在田边修一条较低的田坎，然后通过逐年耕作下翻，加高田坎，变为水平梯田。

四是反坡梯田田面坡向与上坡方向相反，呈 3°~5° 的反坡。这种梯田有较强的蓄水和保土保肥能力，但用工较多。

五是波浪式梯田的田面呈波浪形，没有明显的田坎。这种梯田多用在水土流失不太严重的缓坡耕地上。

（3）按用坎的建筑材料又可分为土坎梯田和石坎梯田等。

3.梯田的规划原则

第一，按照农业发展对基本农田提出的要求，确定梯田的种类、数量地点后，因地制宜，一面坡、一座山、一个小流域地进行全面规划；做到保持水土，充分利用土地资源。

第二，合理规划应达到集中连片，修筑省工，耕作方便，埂坎安全和少占耕地的要求。

第三，合理布设道路和灌溉系统。

第四，梯田一般应布置在 25°以下的坡耕地上，25°以上的坡耕地，原则上应退耕，植树种草，还林还牧。

4.梯田的断面设计

梯田的断面要素包括地面坡度、埂坎高度、埂坎坡度和田面宽度等参数。

对于一块具体的坡地而言，地面坡度为常数，因此田面宽度和埂坎坡度是梯田断面要素中起决定作用的因素。在断面设计和最优断面确定时，主要考虑这两个因素。

（1）田间宽度

一般根据土质和地面坡度先选定田坎高和田坎边坡，然后利用公式计算田面宽度，也可以根据地面坡度、机耕和灌溉需要先定田面宽。保证机耕和灌溉的条件下，田面宽度越小，修筑单位面积梯田的工程量越小。对于陡坡梯田，田面宽度一般为 5~15m，缓坡梯田宽度一般为 20~40m。

有机耕需要的地区，田间净宽至少应满足耕作机具转弯调头的需要；采用喷灌的地区，田面净宽与喷射半径应当互为整数倍，以免漏喷。对于无上述要求的地区，可以适当降低，以适于耕作和降低造价为宜。另外，田面宽度的选择还应该考虑土方平衡要求，尽量减少远距离土方运输。

（2）田坎高度与边坡

田坎高度选择与地面坡度、土质有关。田坎稳定性随高度而降低，但田坎高度过小会降低田面宽度，影响耕作。一般土质田坎的高度以 1~3m 为宜；缓坡地区田坎高度可以低些，如江苏省，缓坡的田坎一般在 0.6~1.2m。

田坎边坡影响田坎的稳定性和占地量。对于石质田坎，一般修成垂直田坎以减少占地。土质田坎的边坡选择应综合考虑土质和坎高因素。一定的条件下，田坎外坡越缓则安全稳定性越好，但其占地和用工量越大；反之，如埂坎外坡较陡，虽然用工量减少，但安全稳定性变差。田坎坡度的选择，就是在保证田坎坚固稳定的前提下，最大限度地少用工和少占地。

我国常用的水平梯田断面设计参考值见表 4-2。

表 4-2 我国常用的水平梯田断面设计参考值

适应地区	地面坡度（°）	田间净宽（m）	田坎高度（m）	田坎坡度（°）
中国北方	1~5	30~40	1.1~2.3	70~85
	5~10	20~30	1.5~4.3	55~75
	10~15	15~20	2.6~4.4	50~75
	15~20	10~15	2.7~4.5	55~75
	20~25	8~10	2.9~4.7	50~75
中国南方	1~5	10~15	0.5~1.2	85~90
	5~10	8~10	0.7~1.8	85~90
	10~15	7~8	1.2~2.2	75~85
	15~20	6~7	1.6~2.6	70~75
	20~25	5~6	1.8~2.8	65~70

二、沟道工程

沟道水土流失是由于面蚀未能及时控制、水土流失不断发展而形成的严重流失状态，其主要表现为沟头前进、沟岸扩张和沟底下切。为固定沟床，拦蓄泥沙，防止或减轻山洪及泥石流灾害而在山丘区沟道中修筑的沟头防护、谷坊、拦沙坝、地坝、小型水库、护岸工程等，统称为沟道工程。其主要包括沟头防治工程、沟床固定工程，我国南方风化花岗岩丘陵地区的沟道崩岗综合治理工程也属于沟道工程。沟头防护工程的主要作用在于防止沟头的溯源侵蚀，减少侵蚀沟在长度上的发展，或者通过减少进入沟道的水量，减轻沟谷侵蚀程度。

沟床固定工程的主要作用如下：

（1）阻止沟谷侵蚀的发展。通过稳定沟床和沟坡，抬高侵蚀基准面，减小沟道水流纵向坡度，防止沟道底部下切和边坡坍塌，从而阻止沟谷侵蚀进一步发展。

（2）蓄水、拦沙、灌溉、防洪，为沟道利用打下基础。如淤地坝可以拦蓄泥沙淤地造田，拦蓄的径流可以防洪和灌溉。

沟床固定工程包括谷坊、淤地坝（南方称为拦沙坝）、小型水库、护岸工程、沟底防冲林带等。小型水库也属于蓄水工程。

利用工程措施来治理侵蚀沟谷的具体做法是：首先合理安排坡面工程拦蓄径流；对于不能拦蓄的径流，通过截流沟导引至坑塘、水库或经不易冲刷的沟道下泄。采用治坡工程仍可能有部分径流不能完全控制，流入沟道还会产生冲刷，于是须对沟道进行治理。治沟时，通常在沟上游修筑沟头防护工程，防止沟头继续向上游发展。在侵蚀沟内分段修建谷坊，逐级蓄水拦沙，固定沟床和坡脚，抬高侵蚀基准面。在支沟汇集和水土流失地区的总出口，可合理安排兴建拦沙坝或淤地坝，控制水土不流出流域范围，减轻下游的泥沙和洪水灾害。

沟道工程的内容包括沟头防护工程、谷坊、拦沙坝或淤地坝以及泥石流防治工程和沟壑防冲林等。

（一）沟头防护工程

沟头位于侵蚀沟的最上端，是坡面径流容易集中的地方。一般侵蚀沟有一个以上的沟头，其中，距沟口最远的沟头称为主沟头。

沟头前进（溯源侵蚀）是沟道侵蚀的表现形式之一。它对农业生产危害很大。其主要表现为蚕食耕地，切断交通，使地形更加支离破碎，造成大量的土壤流失。沟头溯源侵蚀的速度很快，据山西省五寨县的实测资料，毛沟年平均溯源侵蚀 5~10m，有些甚至高达数十米，一次暴雨可使沟头前进 1~2m。

沟头防护工程的主要任务，就是制止坡面暴雨径流由沟头进入沟道或使之有控制地进入沟道，从而制止沟头前进，保护地面不被沟壑割切破坏。建设沟头防护工程与营造沟头防护林要紧密结合，以达到共同控制径流、固定沟头、制防沟头前进的效果。沟头防护工程的防御标准是 10 年一遇 3~6h 最大暴雨。

另外，沟头的上部边沿也是沟沿的一部分。当坡面来水不仅集中于沟头，同时在沟边另有多处径流分散进入沟道的，应在修建沟头防护工程的同时，围绕沟边，修建沟边境，防止坡面径流进入沟道。

沟头防护工程分蓄水型和排水型两类。

1.蓄水型沟头防护工程

当沟头上部坡面来水量较少。沟头防护工程可以采取蓄水型沟头防护工程。蓄水型沟头防护工程又分为沟埂式和围埝蓄水池式两种。

（1）沟埂式沟头防护工程

沟埂式沟头防护工程，是在沟头上部坡面沿等高线开沟取土筑埂，即围绕沟头开挖与沟边大致平行的一道或数道蓄水沟，同时在每道蓄水沟的下侧 1~1.5m 处修筑与蓄水沟大致平行的土埂。沟与埂共同拦蓄坡面汇集而来的地表径流，切断沟壑赖以溯源侵蚀的水源。若沟域附近地形条件允许时，可将沟埂内蓄水引入耕地进行灌溉。

沟埂的布置。沟埂的布置是依据沟头上部坡面的地形和汇集的径流多少而定的。当沟头上部坡面地形较完整时，可做成连续式的沟埂；当沟头上部坡面较破碎时，可做成断续式沟埂。当第一道沟埂的蓄水容积不能全部拦蓄坡上径流时，应在其上侧布设第二道、第三道沟埂，直至达到能全部拦蓄沟头以上坡面径流为止。第一道土埂距沟沿应保持一定距离，以蓄水渗透不致造成沟岸崩塌或陷穴为原则，一般第一道沟埂距离沟头边缘 3~5m 为宜。当遇到超设计标准暴雨或上方沟埂蓄满水之后，水将溢出，为防止暴雨径流漫溢冲毁土埂，沿埂每隔 10~20m 设置一个深 20~30cm、宽 1~2m 的溢水口，并用草皮铺盖或石块砌护。为了保护土埂不受破坏，可于土埂上栽植灌木或种草；在沟与埂的间距内，可结合鱼鳞坑栽植适地树种。连续式沟埂还应在每道埂上侧相距 10~15m 处设一挡墙，挡墙高 0.4~0.6m，顶宽 0.3~0.5m，以免径流集中造成土埂漫决冲毁。

沟埂设计。沟埂式沟头防护工程设计主要是确定土埂和蓄水沟的断面尺寸、沟埂的长度、条数及间距。

①沟埂断面尺寸的确定。沟埂断面尺寸确定的原则是：沟埂的全部蓄水容积（V）应能满足拦蓄沟头以上坡面设计标准的来水量（W），即

$V \geq W$

沟埂是沿等高线水平布设的，它的蓄水容积（V）可按棱体公式计算。沟埂最大蓄水横断面积计算如公式（4·8）所示：

$A = A_0 + A_1$ （4·8）

A_0、A_1 分别按下公式（4·9）和（4·10）计算：

$A_0 = h'(b' + mh')$ （4·9）

$A_1 = 1/2h^2(m + \cot\alpha)$ （4·10）

沟埂的蓄水容积公式如（4·11）所示：

$V=LA=L（A_0+A_1）$ （4·11）

以上式中 A——沟埂最大蓄水横断面积，m^2；

A_0—蓄水沟横断面积，m^2；

A_1—土埂与坡面组成的蓄水横断面积，m^2；

L—沟埂总长度，m；

h—土埂蓄水深度，m；

h'—蓄水沟深度，m；

b'—蓄水沟底宽，m；

m—土埂、蓄水池边坡比；

α—坡面坡度，（°）。

从式中看出，在一定来水量下，沟埂长度与沟埂断面尺寸大小相互消长，设计时，依沟头上部坡面的地形条件合理确定沟埂长度和沟埂断面尺寸，使其满足式 $V \geqslant W$ 的要求。

土埂一般为梯形断面，埂高 0.8~1.0m，顶宽 0.4~0.5m，内外边坡比蓄水沟底宽0.4~0.8m，深度 0.5~1.0m，边坡比 1∶1。

②沟域间距的确定。布设多道沟埂时，应使前一道埂的顶端与后一道埂的底面在同一高程上，使各沟域能充分发挥蓄水作用，其埂间距用式（4·12）计算：

$L=H\cot\alpha$（4·12）

式中 L——相邻两埂水平距离，m；

H——土埂高度，m；

α——坡面坡度，（°）。

（2）围埂蓄水池式沟头防护工程

当沟头以上坡面有较平缓低洼地段时，可在平缓低洼处修建蓄水池，同时围绕沟头前沿呈弧形修筑围埂切断坡面径流下沟去路。围坡与蓄水池相连将径流引入蓄水池中，这样组成一个拦蓄结合的沟头防护系统，同时蓄水池内存蓄的水也可得以利用。

当沟头以上坡面来水较大或地形破碎时，可修建多个蓄水池，蓄水池相互连通组成连环蓄水池。蓄水池位置应距沟头前缘一定距离，以防渗水引起水池沟岸崩塌。

一般要求距沟头 10m 以上设溢水口，并与排水设施相连，使超设计暴雨径流通过溢水口和排水设施安全地送至下游。

蓄水池容积与数量应能容纳设计标准上部坡面的全部径流泥沙。其设计与前面章节中蓄水池设计方法相同。围埝为土质梯形断面，埝高 0.5~1.0m，顶宽 0.4~0.5m，内外坡比各约 1：1。

2.排水型沟头防护工程

一般情况下，沟头防护应采取以蓄水为主的方式，把水土尽可能拦蓄起来加以利用。当沟头以上坡面来水量较大，蓄水型沟头防护工程不能完全拦蓄，或由于地形、土质限制，不能采用蓄水型时，应采用排水型沟头防护工程。例如，受侵蚀的沟头临近交通要道，若修筑蓄水式沟头防护工程，将会切断交通，此时可采取排水型沟头防护工程，把径流导至集中地点，通过泄水建筑物有控制地把径流排泄入沟。

跌水是水利工程中常用的消能建筑物，在排水型沟头防护工程中被用作坡面水流进入沟道的衔接防冲设施。依据跌水的结构型式不同，排水型沟头防护工程一般可分为台阶式和悬臂式两种。

（1）台阶式沟头防护工程

台阶式沟头防护工程又可分为单级式和多级式。单级式适宜于落差小于 2.5m、地形降落比较集中的地方，由于落差小，水流跌落过程产生的能量不大，采用单级式跃水可基本消除其能量。当落差较大而地形降落距离较长的地方，宜采用多级式跃水，使水流在逐级跌落过程中逐渐消能。在这种情况下如采用单级式跃水，因落差过大，下游流速大，必须做很坚固的消力池，建筑物的造价高。

跌水的组成与构造。跌水通常由进口连接渐变段、跌水口、跌水墙、消力池和出口连接渐变段等几部分组成。

①进口连接渐变段。进口连接渐变段的上游端连接上游渠道，承接沟头以上汇集而来的地表径流，下游端连接跌水口，连接渐变段由翼墙和护底组成。翼墙的作用是水流能较平顺地引入跌水口，其形式通常为八字式或扭曲面式。翼墙进口端以齿墙伸入岸坡 0.3~0.5m，以防止进口处的坡岸冲刷。翼墙顶部应高出最高水位 0.2~0.3m。

护底的作用是防止水流冲刷。护底厚度，用片石砌护时为 0.25m；用混凝土砌护时为 0.1~0.12m。护底进口处应距齿墙伸入底部 0.3~0.5m。

进口连接渐变段长度可取 2~3 倍上游渠中水深。

②跌水口。跌水口的过流形式是一个自由泄流的堰，其泄流能力要比渠道大得多。如果跌水口和渠道断面大小一样，在通过同样流量时，跌水口前的水深要比渠道中的原有水深低，产生水位降落，使跌水前的一段渠道里流速加大，可能造成冲刷，所以一般要将跌水口缩窄。但若缩窄过多，在通过同样流量时将产生水位壅高的现象，又可能造成淤积或增加渠堤工程量。因此，为了避免使上游渠道冲刷或淤积，跌水口的尺寸应使跌水口处的水深和渠道内的水深接近。跌水口通常采用矩形和梯形两种断面型式。矩形跌水口宽度是按设计流量确定的，因此在通过其他流量时，不能满足跌水口处的水深和渠道内的水深接近这一要求。梯形跌水口上大下小，它具有适应流量变化的优点。但对抗冲刷能力较强，或壅水后增加渠堤工程不大时，为施工方便也常做成矩形断面。跌水口的长度（顺水流方向）应不小于 2.5 倍的上游渠中水深。跌水口由边墙和底板组成，其构造要求同上游连接段。

③跌水墙。跌水口和消力池之间用跌水墙连接。跌水墙采用挡土墙型式，顶宽为 0.4m，临水面做成垂直面，埂土面做成斜坡，斜坡面的坡度在墙高 1~2m 时取 1：0.25，2~3m 时取 1：0.3。对跌差较小的跌水，也可将跌水墙做成 1：1 的衬砌混凝土。

跌水墙两端应插入两岸，墙基要求较深，以防水流对两岸和墙基的冲刷，威胁建筑物的安全。

④消力池。消力池由侧墙和护底组成，它的作用是消除下泄水流动能，防止冲刷下游渠道。消力池的侧墙构造与跌水墙构造相同，护底砌筑厚度可取 0.35~0.4m。

由于侧墙与跌水墙较重，传递到地基上的应力较大，与护底应利用分缝分开。因此，在沉陷性小的土基上，跌水墙与侧墙可做在一起，不设分缝。

⑤出口连接渐变段。出口连接渐变段与进口连接渐变段形状相同，但由于出口处水流非常紊乱，为了使它逐渐平顺地过渡到下游渠道，出口连接渐变段较长，其长度可取与消力池相等。出口连接渐变段的衬砌应做成透水的，可用干砌石砌筑。

（2）悬臂式沟头防护工程

当沟头为落差较大的悬崖时，宜选用悬臂式沟头防护工程。

悬臂式沟头防护工程由进口连接渐变段和悬臂渡槽组成。进口连接渐变段与单级跌水的进口连接渐变段相同。悬臂渡槽一端嵌入进口连接渐变段，另一端伸出崖壁，使水流通过渡槽排泄下沟。在沟底受水流冲击的部位，可铺设碎石垫层以消能防冲。

悬臂渡槽可用木板、石板、混凝土板或钢板制成。为了增加渡槽的稳定性，应在其外伸部分设支撑或用拉链固定。悬臂渡槽一般采用矩形断面。

（二）谷坊

谷坊是横拦在沟道中的小型挡拦建筑物，其坝高小于 3~5m，适于沟底比降较大（5%~10%）或更大的支毛沟。谷坊的主要作用是防止沟床下切，稳定山坡坡脚，防止沟岸扩张，减缓沟道纵坡，减小山洪流速，减轻山洪或泥石流灾害。

1.谷坊的种类和选择

（1）谷坊的种类。根据谷坊所用建筑材料的不同，大致可分为土谷坊、石谷坊、柳谷坊、浆砌石谷坊和混凝土谷坊等。

（2）谷坊类型的选择。谷坊类型的选择应根据地形、地质、建筑材料、技术、经济和防护目的等确定。一般情况下，以就地取材为原则，选择工程类型；对于项目本身有特殊防护要求的，如铁路、公路、厂矿和居民点等，则需选用坚固的永久性谷坊，如混凝土谷坊等。

2.谷坊高度与间距的确定

（1）谷坊高度。谷坊高度一般与建筑材料有直接的关系。谷坊高度以主要承受水压力和土压力而不被破坏为原则，现根据现有资料和经验，提供几种常用谷坊的断面尺寸（见表4-3）。

表 4-3 常用谷坊的断面尺寸表

类型	断		面	
	高度（m）	顶宽（m）	迎水坡	背水坡比
土谷坊	1.5~5.0	1.0~1.5	1：1.5	1：1.5
干砌石谷坊	1.0~2.5	1.0~1.2	1：0.5~1：1	1：0.5
浆砌石谷坊	2.0~4.0	1.0~1.5	1：0.5~1：1	1：0.3
柳谷坊	0.1~1.0			

（2）谷坊间距。与谷坊高度及淤积泥沙表面的临界不冲坡度有关，实际调查资料证明，在谷坊淤满之后，其淤积泥沙的表面不可能绝对水平，而是具有一定的坡度，称为

稳定坡度。目前常用以下几种方法来计算谷坊上下游表面的稳定坡度的数值。

①根据坝前淤积土的土质来决定淤积物表面的稳定坡度。砂土为 0.005，黏壤土为 0.008，黏土为 0.01，粗砂兼有卵石子为 0.02。

②按照瓦兰亭（Valentine）公式（4·13）来计算稳定坡度：

$i_o = 0.093d/H$ （4·13）

式中：d——砂砾的平均粒径，m；

H——平均水深，m。

瓦兰亭公式适用于粒径较大的非黏性土壤。

③稳定坡度为沟底原有坡度的一半。例如，在未修谷坊之前，沟底天然坡度为 0.01，则认为谷坊淤土表面的稳定坡度为 0.005。

④修筑实验性谷坊，在实验性谷坊淤满之后，实测稳定坡度。根据谷坊高度沟床天然坡度 i 以及谷坊坎前淤积面稳定坡度，可按式（4·14）计算谷坊间距 L：

$L = h/(i - i_o)$ （4·14）

3.谷坊位置的确定

在选择谷坊坝址时，应考虑以下几方面的条件：①谷口狭窄；②沟床基岩外露；③上游有宽阔平坦的储沙地方；④有支流汇合的情形在汇合点的下游；⑤谷坊不应设置在天然跌水附近的上下游。

谷坊的具体技术要求可参照国家标准 GB/T 16453.3—2008《水土保持综合治理　技术规范　沟壑治理技术》中的第二篇《谷坊》执行。

三、淤地坝

淤地坝是指在水土流失地区各级沟道中，以拦泥淤地为目的而修建的坝工建筑物，其拦泥淤成的地称为坝地。在流域沟道中，用于淤地生产的坝称为淤地坝或生产坝。

（一）淤地坝的组成、分类与作用

1.淤地坝的组成

淤地坝由坝体、溢洪道、放水建筑物三个部分组成。

坝体是横拦沟道的挡水拦泥建筑物，用以拦蓄洪水，淤积泥沙，抬高淤积面。溢洪道是排泄洪水建筑物，淤地坝洪水位超过设计高度时，就由溢洪道排出，以保证坝体的安全和坝地的正常生产。放水建筑物多采用竖井式和卧管式，沟道长流水，库内清水等通过放水设备排泄到下游。反滤排水设备是为了排除坝内地下水，防止坝地盐碱化，增加坝坡稳定性而设置的。

2.淤地坝的分类

淤地坝按筑坝材料分为土坝、石坝、土石混合坝、堆石坝、干砌石坝、浆砌石坝等；按坝地用途分为缓洪骨干坝、拦泥生产坝等；按施工方法分为夯碾坝、水力冲填坝、定向爆破堆石坝等

3.淤地坝的作用

淤地坝在拦截泥沙、蓄洪滞洪、减蚀固沟、增地增收、提高农村生产条件和改善生态环境等方面发挥了显著的生态效益、社会效益和经济效益。它的作用可归纳为以下几个方面：

第一，拦泥保土，减少入黄泥沙。

第二，淤地造田，提高粮食产量。

第三，防洪减灾，保护下游安全。

第四，合理利用水资源，解决人畜饮水问题。

第五，优化土地利用结构，促进退耕还林还草和农村经济发展。

（二）淤地坝的分级标准和设计洪水标准

淤地坝一般根据库容、坝高、淤地面积、控制流域面积等因素分级。参考水库分级标准，可分为大、中、小三级。

（三）淤地坝的坝址选择

坝址的选择在很大程度上取决于地形和地质条件，但是如果单纯从地质条件好坏的观点出发去选择坝址是不够全面的。选择坝址必须结合工程枢纽布置、坝系整体规划、淹没情况和经济条件等综合考虑。一个好的坝址必须满足拦洪或淤地效益大、工程量小和工程安全三个基本要求。在选定坝址时，要提出坝型建议。坝址选择一般应考虑以下七个方面：

第一，坝址在地形上要求河谷狭窄、坝轴线短，库区宽阔容量大，沟底比较平缓。

第二，坝址附近应有宜于开挖溢洪道的地形和地质条件，最好有鞍形岩石山凹或红黏土山坡，还应注意到大坝分期加高时，放、泄水建筑物的布设位置。

第三，由于建筑材料的种类、储量、质量和分布情况会影响坝的类型和造价，因此坝址附近应有良好的筑坝材料（土、沙、石料），并取用容易，施工方便。

第四，坝址地质构造稳定，两岸无疏松的坍土、滑坡体，断面完整，岸坡不大于60°。坝基应有较好的均匀性，压缩性不宜过大。岩层要避开活断层和较大裂隙，尤其要避开有可能造成坝基滑动的软弱层。

第五，坝址应避开沟岔、弯道、泉眼，遇有跌水应选在跌水上方。坝扇不能有冲沟，以免洪水冲刷坝身。

第六，库区淹没损失要小，应尽量避免村庄、大片耕地、交通要道和矿井等被淹没。

第七，坝址还必须结合坝系规划统一考虑。有时单从坝址本身考虑比较优越但从整体衔接、梯级开发上看不一定有利。这种情况需要注意。

四、设计资料收集

（一）地形资料

地形资料包括流域位置、面积、水系、所属行政区、地形特点。

第一，坝系平面布置图。在1∶10000的地形图上标出。

第二，库区地形图。一般采用1∶5000或1∶2000的地形图。等高线间距为2~5m，测至淹没范围10m以上。它可以用来计算淤地面积、库容和淹没范围，绘制高程与地面积曲线和高程与库容曲线。

第三，坝址地形图。一般采取 1∶1000 或 1∶500 的实测现状地形图，等高线间距为 0.5~1m，测坝顶以上 10m。用此图可规划坝体、溢洪道和泄水洞，估算大坝工程量，安排施工期土石场、施工导流、交通运输等。

第四，溢洪道、泄水洞等建筑物所在位置的纵横断面图。横断面图用 1∶100~1∶200 比例尺，纵断面图可用不同的比例尺。这两张图可用来设计建筑物估算挖填土石方量，

（二）流域、库区和坝址地质及水文地质资料

第一，区域或流域地质平面图。

第二，坝址地质断面图。

第三，坝址地质结构、河床覆盖层厚度及物质组成、有无形成地下水库条件等。

第四，沟道地下水、泉溢出地段及其分布状况。

（三）流域内河、沟水化学测验分析资料

流域内河、沟水化学测验分析资料包括离子总量、矿化度、总硬度及 pH 的变化规律，为预防坝地盐碱化提供资料。

（四）水文气象资料

水文气象资料包括暴雨、洪水、径流、泥沙情况，气温变化和冻结深度等。

（五）天然建筑材料的调查

天然建筑材料的调查包括土、沙、石、沙砾料的分布、结构性质和储量等。

（六）社会经济调查资料

社会经济调查资料包括流域内人口、经济发展现状、土地利用现状、水土流失治理情况。

（七）其他条件

其他条件包括交通运输、电力、施工机械、居民点、淹没损失、当地建筑材料的单价等。

五、淤地坝坝高的确定

淤地坝除拦泥淤地外，还有防洪的要求。所以，淤地坝的库容由两部分组成：一部分为拦泥库容，另一部分为滞洪库容。而与这两部分库容的坝高相对应的，即为拦泥坝高和滞洪坝高。

另外，为了保证淤地坝工程和坝地生产的安全，还需增加一部分坝高，称为安全超高。因此，淤地坝的总坝高等于拦泥坝高、滞洪坝高及安全超高之和。

（一）泥坝高的确定

设计时，首先分析该坝的坝高—淤地面积—库容关系曲线，初步选定经济合理的拦泥坝高，由其关系曲线查得相应坝高的拦泥库容。其次，由初拟坝高加上滞洪坝高和安全超高的初估值，作为全坝高来估算其坝体的工程量。根据施工方法、工期和社会经济情况等，判断实现初选拦泥坝高的可能性。最后，由该坝所控流域内的年平均输沙量求得淤平年限。

（二）滞洪坝高的确定

为了保证淤地坝工程安全和坝地的正常生产，必须修建防洪建筑物（如溢洪道）。由于防洪建筑物不可能修得很大，也不可能来多少洪水就排泄多少洪水，这在经济上是极不合理的。所以，在淤地坝中除有拦泥（淤地）库容外，必须有一个滞洪库容，用以滞蓄暂时排泄不走的洪水。为此，需进行调洪演算。调洪演算的任务是根据设计洪水的大小，确定防洪建筑物的规模和尺寸，确定滞洪库容和相应的滞洪坝高淤地坝的大坝设计、溢洪道设计、放水建筑物设计可参照前面讲的坝工建筑物相关内容进行设计。

六、排水工程

排水工程可减少地表水和地下水对坡体稳定性的不利影响。一方面能提高现有条件下坡体的稳定性，另一方面允许坡度增加而不降低坡体稳定性。排水工程包括排除地表水工程和排除地下水工程。

（一）排除地表水工程

排除地表水工程的作用：一是拦截病害斜坡以外的地表水；二是防止病害斜坡内的地表水大量渗入，并尽快汇集排走。它包括防渗工程和水沟工程。防渗工程包括整平夯实和铺盖阻水，可以防止雨水、泉水和池水的渗透。当斜坡上有松散易渗水的土体分布时，应填平坑洼和裂缝并整平夯实。铺盖阻水是一种大面积防止地表水渗入坡体的措施，铺盖材料有黏土、混凝土和水泥砂浆黏土，一般用于较缓的坡。坡上的坑凹、陡坎、深沟可堆渣填平（若黏土丰富，最好用黏土填平），使坡面平整，以便夯实铺盖。铺土要均匀，度为 1~5m，一般为水头的 1/10。有破碎岩体裸露的斜坡，可用水泥砂浆勾抹面。水上斜坡铺盖后，可栽植植物以防水流冲刷。坡体排水地段不能铺盖，以免阻挡地下水外流造成渗透水压力。

水沟工程包括截水沟和排水沟。截水沟布置在病害斜坡范围外，拦截旁引地表径流，防止地表水向病害斜坡汇集。排水沟布置在病害斜坡上，一般呈树枝状充分利用自然沟谷。在斜坡的湿地和泉水出露处，可设置明沟或渗沟等引水工程将水排走。当坡面较平整，或治理标准较高时，需要开挖集水沟和排水沟，构成排水沟系统。集水沟横贯斜坡，可汇集地表水；排水沟水面比降较大，可将汇集的地表水迅速排出病害斜坡。水沟工程可采用砌石、沥青铺面、半圆形钢筋混凝土槽半圆形波纹管等材料，有时采用不铺砌的沟渠，其渗透和冲刷较强、效果差些。

（二）排除地下水工程

排除地下水工程的作用是排除和截断渗透水。它包括渗沟、明暗沟、排水孔、排水洞、截水墙等。渗沟的作用是排除土壤水和支撑局部土体，如可在滑坡体前缘布设渗沟在有泉眼的斜坡上，渗沟应布置在泉眼附近和潮湿的地方。渗沟深度一般大于 2m 以便充分排干土壤水。沟底应置于潮湿带以下较稳定的土层内，并铺砌防渗沟；上方应修挡水埂，防止坡面上方水流流入，表面呈拱形，以排走坡面流水排除浅层（3m 以上）的地下水可用暗沟和明暗沟。暗沟分为集水暗沟和排水暗沟。集水暗沟用来汇集浅层地下水，排水暗沟连接集水暗沟并把汇集的地下水作为地表水排走。暗沟底部布设有孔的钢筋混凝土管、波纹管、透水混凝土管或石笼，底部可铺设不透水的杉皮、聚乙烯布或沥青板，侧面和上部设置树枝及沙砾组成的过滤层，以防淤塞。

明暗沟即在暗沟上同时修明沟，可以排除滑坡区的浅层地下水和地表水。排水孔是利用钻孔排除地下水或降低地下水位。排水孔又分垂直孔、仰斜孔和放射孔。

垂直孔排水是钻孔穿透含水层，将地下水转移到强透水岩层，从而降低地下水位。

仰斜孔排水是用接近水平的钻孔把地下水引出，从而排干斜坡。仰斜孔施工方便、节省劳力和材料、见效快，含水层透水性强时的效果尤为明显。根据含水类型、地下水埋藏状态和分布情况等布置钻孔，钻孔要穿透主要裂隙组，从而汇集较多的裂隙水。钻孔的仰斜角为 10°~15°，根据地下水位确定。若钻孔在松散层中有塌壁堵塞的可能，应用镀锌钢滤管、塑料滤管或加固保护孔壁。对含水层透水性差的土质斜坡（如黄土斜坡），可用沙井和仰斜孔联合排水，即用沙井聚集含水层的地下水，仰斜孔穿连沙井底部将水排出

放射孔排水即排水孔呈放射状布置，它是排水洞的辅助措施。排水洞的作用是拦截和疏导深层地下水。

排水隧洞修筑在病害斜坡外围，用来拦截旁引补给水；布置在病害斜坡内，用于排泄地下水。滑坡的截水隧洞洞底应低于隔水层顶板，或在坡后部滑动面之下，开挖顶线必须切穿含水层，其衬砌拱顶又必须低于滑动面，截水隧洞的轴线应大致垂直于水流方向。排水隧洞洞底应布置在含水层以下，在滑坡区应位于滑动面以下，平行于滑动方向布置在滑坡前部。根据实际情况选择渗井、渗管、分支隧洞和仰斜排水孔等措施进行配合使用。排水隧洞边墙及拱圈应留泄水孔和填反滤层。

如果地下水沿含水层向滑坡区大量流入，可在滑坡区外布设截水墙，将地下水截断，再用仰斜孔排出；注意不要将截水墙修筑在滑坡体上，因为可能诱导发生滑坡。修筑截水墙有两种方法：一是开挖到含水层后修筑墙体，二是灌注法。含水层较浅时用第一种

方法，含水层在 3m 以下时采用灌注法较经济。灌注材料有水泥浆和化学药液，当含水层大孔隙多且流量、流速小时，用水泥浆较经济，但因其黏性大，凝固时间长，压入小孔隙需要较大的压力，而灌注速度大时则可能在凝固前流失。因此，有时与化学药液混合使用。化学药液可以单独使用，其胶凝时间从几秒到几小时，可以自由调节，黏性也小。具体灌注方法可参阅有关资料。

第五章 水利工程与水土保持工程施工管理程序

第一节 水利工程施工前的管理程序

一、施工前期的主要程序与要求

从项目立项到主体工程开工的主要程序如下：

（1）《项目建议书》申请并批准。

（2）报批项目调研报告和项目法人组建方案。

（3）注册成立公司、注入资本。

（4）签订融资贷款合同。

（5）组织工程设计招标。

（6）组织设备招标。

（7）报批工程初步设计或预设计。

（8）办理土地使用手续。

（9）开展"三通一平"工作。

（10）组织工程施工、监理等招标。

（11）组织开工前的审计。

二、施工准备阶段

（一）水利建设项目组织机构设置

水利建设项目组织机构包括三方，即业主方、施工方、监理方。水利建设过程中，参与三方虽然责任与分工不同，但是有一个共同的目标，即以最优化的投资、质量、工期为目标，完成工程项目的建设。因此，建立一套高效精干的施工组织机构。在项目建设过程中各方做到分工合作、积极主动、互谅互让、团结协作，这是保证工程建设质量的一个重要因素。

根据国家有关规定，建设单位应建立建设项目管理机构，实行项目法人责任制。监理方根据建设工程特点，组建项目管理单位，让其负责整个工程的建设及建成投产经营。业主方管理机构在整个工程建设过程中主要负责以下方面的工作：

（1）建设项目立项决策阶段的管理。

（2）建设项目的资金筹措及管理。

（3）建设项目的设计管理。

（4）建设项目的招标与合同管理。

（5）建设项目的监理业务管理。

（6）建设项目的施工管理。

（7）建设项目的竣工验收及试运行阶段的管理。

（8）建设项目的文档管理。

（9）建设项目的财务及税收管理。

（10）其他管理，如组织、信息、统计等。

（二）环水保管理计划与监测计划

1.环水保管理计划

（1）环水保管理体系

水电站工程环境管理分为外部管理和内部管理两部分。外部管理由环水保行政主管部门实施，以国家相关法律、法规为依据，确定建设项目环水保工作达到的相应标准与要求，并负责建设工程各阶段环水保工作的不定期监督、检查、环水保竣工验收，以及年度环水保监控报告的审查。

（2）内部管理工作分施工期和运行期

①施工期由建设单位负责，对工程施工期环水保措施进行优化、组织和实施，保证达到国家和地方对建设项目环水保护的要求。施工期内环水保管理体系由建设单位和施工单位分级管理，分别成立专职环水保管理机构。

②运行期由建设单位负责组织实施，对工程运行期的环水保规划、保护措施进行优化、组织和实施。

2.环水保管理机构的设置及其职责

根据《建设项目环境保护管理条例》，新建、扩建企业必须设置环水保管理机构，负责组织、落实和监督本企业的环水保工作。环水保管理机构的主要职责如下：

（1）贯彻执行环水保法规和标准。

（2）组织制定和修改本单位的环水保管理规章制度并监督执行。

（3）制订并组织实施环水保计划。

（4）领导和组织本单位的环境监测。

（5）检查本单位环水保设施的运行。

（6）推广、应用环水保先进技术和经验。

（7）组织开展本单位的环水保专业技术培训，提高人员素质水平。

（8）组织开展本单位的环水保研究和技术交流。

3.施工期管理机构设置及职能

（1）建设单位

工程开工前建设单位应设置"环水保管理部门"，根据相关单位批复的水土保持方案、环境影响报告书及其批复意见和工程环水保设计文件，确定工程环水保目标、项目目标和指标、环水保项目实施方案和管理等工作。

工程施工期"环水保管理部门"设专职人员1人，具体负责和落实工程建设过程中环水保管理工作，其主要职责包括：

①宣传、贯彻、执行国家和地方有关环水保的政策、法律、法规，熟悉相关技术标准，确定工程建设期的环水保方针和环水保护目标，确定施工期环水保管理办法。

②负责落实环水保经费，检查并督促接受委托的环水保监测部门的监测工作能够正常实施。

③做好工程环水保管理的内部审查，加强环境信息统计，建立环水保资料数据库。

④协调处理各有关部门的环水保工作，指导、检查、督促各施工承包单位环水保设施的设立和正常运行，以及对施工期环水保方针、措施的实施和环水保设施的运行进行检查等。

（2）施工单位

各施工承包单位在进场后均应设置"环水保部门"，设兼职人员 1 人，实施环水保措施，并接受有关部门对环水保工作的监督和管理。

4.环水保管理制度

（1）管理制度

建立环水保护责任制，建设单位在施工招标文件、承包合同中，明确污染防治设施与措施条款，由各施工承包单位负责组织实施，环水保监理部门负责定期检查，对检查中所发现的问题进行记录，并督促施工单位整改。

（2）监测和报告制度

环水保监测是环水保管理部门获取施工区环境质量信息的重要手段，是进行环水保管理的主要依据。从节约经费开支和保证成果质量的角度出发，该监测工作一般采用合同管理的方式，施工单位委托当地具备相应监测资质的单位，对工程施工区及周围的环水保质量按环水保监控计划要求进行定期监测，并对监测成果实行季报、年报和定期编制环水保质量报告书，以及年审的制度；同时，根据环水保质量监测成果，对环水保措施进行相应调整，以确保环水保质量符合国家和地方环水保部门所确定的标准要求与各省市确定的功能区划要求。

（3）"三同时"制度

根据《建设项目环境保护管理办法》中的"三同时"制度。工程建设过程中的污染防治工程必须与建设项目"同时设计、同时施工、同时投入运行"。有关"三同时"项目的相关设施必须按相关规定经有关部门验收合格后才能正式投入运行。建设项目防治污染的设施运行情况要自觉接受当地环境保护部门的监督和管理,不得擅自拆除或闲置。

（4）制定对突发事故的预防和处理措施

工程施工期间，建设单位和施工单位应制定对突发事故的预防方案，如果发生污染事故及其他突发性环境事件，除应立即采取补救措施外。施工单位还要及时通报可能受到影响的地区和居民，并报工程建设单位环水保监理部门与地方环水保行政主管部门，接受调查处理。同时，施工单位要协助调查事故原因、责任单位和责任人，根据行政机关的处理决定对有关责任人给予行政或经济处罚；触犯国家有关法律的，由当地行政部门移交司法机关处理。

（5）环水保培训计划

为增强工程建设者（包括管理人员和施工人员）的环水保意识，环水保管理部门应经常采取标语、宣传栏、专题讲座等方式对工程建设者进行环水保宣传，提高其环水保意识，使每个工程建设者都能自觉地参与环水保工作，让环水保从单纯的行政干预和法律约束变成人们的自觉行为。

对环水保专业技术人员应定期邀请环水保专家进行培训，同时组织考察学习，以提高其业务水平。

（6）环水保监理计划

①水电站工程施工期较长，涉及的环境影响因素较多，施工方根据环水保相关要求，应实施环水保监理制度，以便对施工期各项环水保措施的实施进度、质量及实施效果等进行监督控制，及时处理和解决可能出现的环境污染和生态破坏事件。

②环水保监理不仅是环水保管理的重要组成部分，也是工程监理的重要组成部分，并且具有相对的独立性。因此，施工期建设单位应按要求委托环水保监理单位对施工期的环水保工作进行监理。

③建设单位根据委托监理合同要求环水保监理单位，根据水电站工程的规模和施工总体规划，按批复的环水保及设计文件要求对施工区水土保持及环境保护工作进行动态管理，并随时检查各项环水保监测数据。当施工单位违规作业时，环水保管理部门可立即要求承包商限期整改和处理，并以公文函件形式进行要求。对于项目涉及环水保工程设计变更问题时，业主方应视其变更的规模、性质和地址与建设单位、设计单位和施工单位共同研究确定，报原行政审批部门。施工期环水保管理和工作程序如图 5-1 所示：

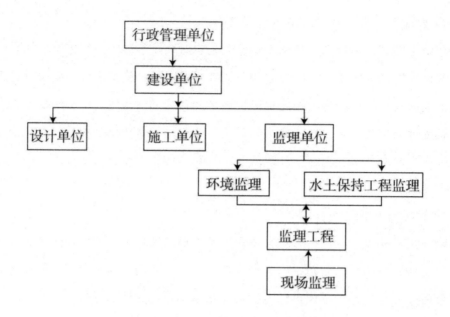

图 5-1 施工期环水保管理和工作程序图

（7）环水保监测计划

环水保监测是环水保管理的基础，是进行污染防治、水土流失防治的重要依据。环水保监测包括水土流失监测、环保监测和移民安置监测等。环水保监测可采用合同形式委托具有相应资质的监测单位进行，并要求监测单位依据水土保持方案、环境影响评价报告书，及相关批复要求的内容编制环水保监测方案呈报建设单位。监测单位按照合同要求定期提交监测报告。

三、环水保管理的基本要求

（一）环水保管理部门的功能

第一，环水保管理部门应利用其自身的环水保专业技术和管理能力，组织环水保监理单位对与水土保持、环境保护相关的工程的设计文件与水土保持方案、环境影响评价文件、环水保设计文件的相符性进行全面核实；督查项目施工过程中各项环水保措施的落实情况；组织项目建设期的环境保护宣传和培训工作；指导承包商落实各项环水保措施；对环水保措施变更和涉及环水保工程变更的，要求设计单位进行设计变更，并到相关部门进行备案。

第二，环水保管理部门应配合各级行政主管部门的环水保监督检查工作，建立各参建单位之间的沟通、协调、会商机制，发挥桥梁和纽带作用。

第三，环水保管理部门行使职能应贯穿水电工程建设的全过程，主要时间节点包括"三通一平"工程环水保验收、蓄水阶段环水保验收和竣工环水保验收。

（二）环水保管理部门现场工作应包括下列主要内容

（1）环水保监理单位进场后，环水保管理部门应组织设计、施工、工程监理、环水保监理等人员召开环水保第一次工地会议。

（2）对承包商的环水保机构设置、人员组成和制度建设等进行检查。

（3）开展环水保宣传，组织落实环水保培训与教育。

（4）做好日常工作的相应记录和物证保存工作。

（5）对环水保措施变更和涉及环水保的工程变更进行跟踪监督。

（6）配合水电行业和环水保主管部门的检查，并建立面向主管部门若发生重大环水保问题时，应及时配合处理。

（7）组织环水保监理单位参加相关合同项目的完工验收，并签署环水保验收意见。

（8）组织"三通一平"工程环水保验收、蓄水阶段环水保验收和竣工。

第二节 水利工程施工期水土保持管理程序

一、工期水土保持管理要点

在日常管理工作中，为保证水土保持方案的顺利实施，建设单位须采取以下管理措施：

（1）建设单位要把水土保持工作列入重要议事日程，切实加强领导，真正做到责任、措施和投入"三到位"，认真组织方案的实施和管理，定期检查，接受社会监督。

（2）加强水土保持的宣传、教育工作，提高施工人员和各级管理人员，以及工程附近群众的水土保持意识。

（3）建设单位在主体工程招标过程中，按照水土保持工程技术要求，将水土保持工程各项内容列入招标文件的正式条款。对参与项目投标的施工单位，进行严格的资质审查，确保施工队伍的技术素质；要求施工单位在招标投标文件中，对水土保持措施的落实作出书面承诺。中标后，施工单位与业主须签订水土保持责任合同，在主体工程施工中，必须按照水土保持方案要求实施水土保持措施，保证水土保持工程效益的充分发挥。

（4）制定详细的水土保持方案，加强计划管理，以确保各项水土保持措施与主体工程同步实施、同期完成、同时验收。

（5）制定突发事件应对处理方案，对滑坡、崩塌等重大险情或事故及时补救。

（6）水土保持工程施工过程中，建设单位须对施工单位提出具体的水土保持施工要求，并要求施工单位对其施工责任范围内的水土保持负责。

（7）施工期间，施工单位应严格按照工程设计图纸和施工技术要求施工，并满足施工进度的要求。

（8）施工过程中，应采取各种有效措施防止在其占用的土地上发生的水土流失情况，防止其对占用地范围外的土地侵占及植被资源的损坏，严格控制和管理车辆机械的运行范围，防止因施工扩大对地表的扰动。设立保护地表和植被的警示牌，施工过程中应注重保护地表和植被。注意施工及生活用火的安全，防止火灾烧毁地表植被。

（9）施工期间，应对防洪设施进行经常性检查维护，保证其防洪效果和运行通畅，防止工程施工开挖料和其他土石方在沟渠淤积。

（10）实施植物防止水土流失措施时应注意整个施工过程的质量，及时测定每道工序，不合要求的要及时整改。同时，还需加强乔、灌、草栽植后的抚育管理工作，做好养护，确保其成活率，以求尽快发挥植物措施的保土保水功能。

（11）水土保持方案经批准后，主动与各级水行政主管部门取得联系，自觉接受地方水行政主管部门的监督检查。在水土保持施工过程中，如需变更设计，建设单位应与施工单位、设计单位、工程监理单位和水保监理单位协商，按相关程序要求实施变更或补充设计，并经批准后方可实施。

（12）要求施工单位制订详细的水土保持方案实施计划，加强对水土保持工程的计划管理，以确保各项水土保持设施与主体工程同时设计、同时施工和同时竣工验收投产使用的"三同时"制度的落实。加强对工程建设的监督管理，成立专业的技术监督队伍，预防人为活动造成新的水土流失，并及时对开发建设活动造成的水土流失进行治理。确保水土保持工程的质量。

二、水土保持工作程序、方法和制度

（一）水土保持基本工作程序

水土保持工程工作应遵循下列工作程序：

（1）签订施工合同、监理合同，明确范围、内容和责权。

（2）熟悉工程设计文件、施工合同文件和监理合同文件。

（3）组织设计单位、施工单位、监理单位召开第一次工地会议进行工作交底。

（4）督促监理单位、施工单位及时整理、归档各类资料。要求施工单位提交水土保持施工总结报告及相关档案资料；要求监理单位提交水土保持监理总结报告及相关档案资料。组织水土保持单位工程验收工作。

（二）水土保持施工管理主要工作方法

（1）现场跟踪检查、现场记录、发布文件、巡视检验、跟踪检测，以及协调建设各方关系，调解并处理工程施工中出现的问题和争议等。

（2）现场业主代表应和监理人员对施工单位报送的拟进场的工程材料、籽种、苗木报审表，以及质量证明资料进行审核，并对进场的实物按照有关规范采用平行检测或见证取样的方式进行抽检。

（3）对淤地坝、拦渣坝（墙、堤）、护坡工程、排水工程、泥石流防治工程等的隐蔽工程、关键部位和关键工序，应根据合同及监理单位的水土保持监理细则要求监理单位实行旁站监理。

（三）水土保持施工管理主要工作制度

（1）技术文件审核、审批制度。应对施工图纸和施工单位提供的施工组织设计、开工申请报告等文件进行审核或审批。

（2）材料、构配件和工程设备检验制度。应对进场的材料、苗木、籽种、构配件及工程设备出厂合格证明、质量检测检疫报告进行核查，并责令施工或采购单位负责将不合格的材料、构配件和工程设备在规定时限内运离工地或进行相应处理。

（3）工程质量检验制度。施工单位每完成一道工序或一个单元、分部工程都应进行自检，合格后方可报监理机构进行复核检验。上一单元、分部工程未经复核检验或复核检验不合格，不应进行下一单元、分部工程施工。

（4）工程计量与付款签证制度。按合同约定，所有申请付款的工程均应进行计量并经监理机构确认。未经监理机构签证的工程付款申请，建设单位不应支付。

（5）工地会议制度。相关各方参加并签到，形成会议纪要需分发与会各方。工地会议应符合下列要求：

第一，建设单位应组织或委托总监理工程师主持相关各方召开第一次工地会。建设单位、施工单位法定代表人或授权代表应出席，重要工程还应邀请设计单位进行技术交底；各方在工程项目中担任主要职务的人员应参加会议。

第二，会议可邀请质量监督单位参加。

会议应包括以下主要内容：

①介绍人员、组织机构、职责范围及联系方式。建设单位宣布对监理机构的授权及总监理工程师；施工单位应书面提交项目负责人授权书。

②施工单位陈述开工的准备情况；监理工程师应就施工准备情况及安全等情况进行评述。

③建设单位对工程用地、占地、临时道路、工程支付及开工条件有关的情况进行说明。

④监理单位对监理工作准备情况及有关事项进行说明。

⑤监理工程师对主要监理程序、质量事故报告程序、报表格式、函件往来程序、工地例会等进行说明。

⑥会议主持人进行会议小结，明确施工准备工作尚存在的主要问题及解决措施，并形成会议纪要。

⑦工地例会宜每月定期召开一次。水土保持工程参建各方负责人参加，由总监理工程师或总监理工程师代表主持，并形成会议纪要。会议应通报工程进展情况，检查上一次工地例会中有关决定的执行情况，分析当前存在的问题，提出解决方案或建议，明确会后应完成的任务。

⑧应根据需要，主持召开工地专题会议，研究解决施工中出现的涉及工程质量、工程进度、工程变更、索赔、安全、争议等方面的问题。

（四）工作报告制度

（1）监理机构应按双方约定的时间和渠道向建设单位提交项目监理月报（或季报、年度报告）。

（2）监理机构应在工程需进行阶段性验收时提交阶段性监理工作报告，在合同项目验收时提交监理工作总结报告。

（3）工程验收制度。在施工单位提交验收申请后，监理机构应对其是否具备验收条件进行审核，建设单位组织工程验收。

三、水土保持施工准备阶段的工作

水土保持项目管理部门的准备工作主要有以下几项：

（1）熟悉有关文件。

（2）组织相关人员编制水土保持管理文件。

（3）审核监理单位上报的水土保持监理规划或细则。

（4）下发施工图纸和相关管理文件。

（5）专项资金落实。

（6）施工用地等施工条件的协调、落实。

（7）有关测量基准点的移交。

（8）首次预付款按合同约定拨付。

（9）应检查并督促落实施工单位的下列施工准备工作：

①施工单位管理组织机构设置是否健全、职责是否明确，管理和技术人员数量是否满足工程建设需要。

②施工单位是否具备投标承诺的资质，施工设备、检测仪器设备能否满足工程建设要求。

③施工单位是否对水土保持综合治理措施进行设计，是否对当地地理条件、可实施条件等进行审核，苗木、籽种来源是否落实。

④施工单位是否对淤地坝、拦渣坝（墙、堤）、护坡工程、排水工程、泥石流防治工程、采石场、取土场、弃渣场等的原始地面线、沟道断面等影响工程计量的部位进行了复测或确认。

⑤施工单位的质检人员组成、设备配备是否落实，质量保证体系、施工工艺流程、检测检查内容及采用的标准是否合理。

⑥施工单位的安全管理机构、安全管理人员配备、安全管理规章制度是否完善。

⑦施工单位的水土保持、安全文明生产等相关措施的制定是否合理、完善。

⑧应从下列方面审查施工单位的施工组织设计：

a.施工质量、进度、安全、职业卫生、水土保持等是否符合国家相关法律、法规、行业标准、工程设计、招标投标文件、合同及投资计划的要求目标。

b.质量、安全、职业卫生和水土保持机构、人员、制度措施是否齐全、有效。

c.施工总体部署、施工方案、安全度汛应急预案是否合理。

d.施工计划安排是否与当地季节气候条件相适应。

e.施工组织设计中临时防护及安全防护和专项技术方案是否可行。

（10）应检查施工单位进场原材料，构配件的质量、规格是否符合有关技术标准的要求，存储量是否满足工程开工及随后施工的需要。

（11）对施工准备阶段的场地平整以及通水、通路、通电和施工中的其他临时工程等进行巡检。

（12）组织召开第一次工地会议。

四、水土保持施工实施阶段的工作

（一）开工条件的控制

（1）审查监理单位签发的开工令。

（2）单位工程或合同项目中的单项工程开工前，应由监理机构审核施工单位报送的开工申请、施工组织设计，检查其开工条件，经建设单位同意后由总监理工程师签发工程开工令。

（3）由于施工单位原因工程未能按施工合同约定时间开工的，监理机构应通知施工单位在约定时间内提交赶工措施报告并说明延误开工原因，由此增加的费用和工期延误造成的损失，应由施工单位承担或按合同约定处理；由于建设单位原因，工程未能按施工合同约定时间开工，由此增加的费用和工期延误造成的损失应由建设单位承担。

（4）在收到施工单位提出的顺延工期的要求后，建设单位应立即与监理单位和施工单位协商补救办法。由此增加的费用和工期延误造成的损失，应按合同约定处理。

（二）水土保持工程质量控制

工程质量控制应符合下列规定：

（1）建立健全质量控制体系，并在管理过程中不断修改、补充和完善；督促施工单位建立健全质量保证体系，并监督其贯彻执行。

（2）对施工质量活动相关的人员、材料、施工设备、施工方法和施工环境进行监督检查。

（3）对施工单位在施工过程中从事施工、质检和施工设备操作等应持证上岗的相关人员进行检查。没有取得资格证书的人员不应在相应岗位上独立工作。

（4）监督施工单位对进场材料、苗木、籽种、设备和构配件等产品质量进行检验，并检查其材质证明和产品合格证。未经检验和检验不合格不应在工程中使用。

（5）复核并签认施工单位的施工临时高程基准点。

（6）淤地坝、拦渣工程和防洪排导工程施工中，应按照设计要求检查每一道工序，填表记载质量检查取样平面位置、高程及测试成果；应要求施工单位认真做好单元工程质量评定并经业主及监理人员签字认可，在施工记录簿上详细记载施工过程中的试验和观测资料，作为原始记录存档备查。

（7）淤地坝、拦渣工程和防洪排导工程基础的开挖与处理的质量控制，应重点监测下列内容：

①坝基及岸坡的清理位置、范围、厚度，结合槽开挖断面尺寸。

②溢洪道、涵洞、卧管（竖井）及明渠基础强度、位置、高程、开挖断面尺寸和坡度。

③石质基础中心线位置、高程、坡度、断面尺寸、边坡稳定程度。

（8）坝（墙、堤）体填筑的质量控制，应重点监测下列内容：

①土料的种类、力学性质和含水量，水泥、钢筋、砂石料、构配件等材料的质量及生产合格证书。

②碾压坝（墙、堤）体的压实干容重（或砂壤土干密度）和分层碾压的厚度，以及水坠坝边埂的铺土厚度、压实干容重。

③碾压坝（墙、堤）体施工中有无层间光面、弹簧土、漏压虚土层和裂缝，施工连接缝及坝端连接处的处理是否符合要求。

④水坠坝边境尺寸、泥浆浓度、充填速度。

⑤混凝土重力坝（墙、堤）混凝土标号、支模、振捣及拆模后外观质量，以及后期养护情况。

⑥坝（墙、堤）体断面尺寸，考虑填筑体沉陷高度的竣工坝（墙、堤）顶高程。

⑦防渗体的型式、位置、断面尺寸、土料的级配、碾压密实性、关键部位填筑质量。

（9）反滤体的质量控制，应重点检测下列内容：

①结构形式、位置、断面尺寸、接头部位和砌筑质量。

②反滤料的颗粒级配、含泥量，反滤层的铺筑方法和质量。

（10）坝（墙、堤）面排水、护坡及取土场的质量控制，应重点检查下列内容：

①坝面排水沟的布置及连接。

②植物护坡的植物配置与布设。

③取土场整治。

④墙（堤）体及上方与周边来水处理措施和排水系统的完整性。

（11）溢洪道砌护工程的质量控制，应重点检查下列内容：

①结构形式、位置、断面尺寸、接头部位。

②石料的质量、尺寸。

③基础处理。

④水泥砂浆配合比、混凝土配合比、拌和物质量、砌筑方法及质量。

（12）放水（排洪）工程的质量控制，应重点检测下列内容：

①排洪渠、放水涵洞工程形式、主要尺寸、材料及施工工艺。

②混凝土预制涵管接头的止水措施，截水环的间距及尺寸，涵管周边填筑土体的夯实；浆砌石涵洞的石料及砌筑质量，涵管或涵洞完工后的封闭试验。

③浆砌石卧管和竖井砌筑方法、尺寸、石料及砌筑质量，明渠及其与下游沟道的衔接。

④现浇混凝土结构钢筋绑扎、支模、振捣及拆模后外观质量，以及后期养护情况。

（13）造林工程施工中，应该按照设计检查林种、林型、树种和造林密度、整地形式是否适合立地条件；应检测各类树种配量比例大小（混交比例）和树苗质量与施工质量，并详细记载质量检查取样平面位置及抽样结果。

（14）对造林工程的质量控制，应重点检测下列内容：

①苗木的生长年龄、苗高和地径。

②起苗、包装、运输和贮藏（假植）。

③苗木根系完整性，苗木标签、检验证书，外调苗木的检疫证书。

④育苗、直播造林所用籽种纯度、发芽率、质量合格证及检疫证。

⑤造林的位置、布局、密度以及配置。

⑥整地的形式、规格尺寸与质量。

⑦施工工艺方法。

⑧质量保证期的抚育管理。

⑨造林成活率。

（15）种草工程在施工中应对照设计，逐片观察，分清荒地或退耕地长期种草与草田轮作中的短期种草；应按设计图斑分别做好记录，合理认证数量。重点检测整地翻土深度，观察耕磨碎土的情况，查看是否达到"精细整地"要求；应在规定抽样范围内取 $2m \times 2m$ 样方测试种草出苗和生长情况。

（16）生态修复工程施工中，应按照设计要求检查围栏、标志牌位置，结构尺寸、施工质量和数量；应按照设计内容检查管理、管护制度和政策措施的实施情况与效果；应依据典型设计与相关专业技术规范检测辅助治理措施的质量水平。

（17）道路工程的质量控制，应重点检测下列内容：

①路面硬化材料、厚度、宽度与施工工艺。

②路基边坡的稳定性、坚固性和路旁绿化等保护措施。

③排水工程、边沟的断面尺寸、坡降与排水系统的畅通性。

（18）沟头防护工程的质量控制，应重点检测下列内容：

①工程布设、结构尺寸及规格。

②埂坎密实度。

（19）对小型淤地坝工程的质量控制，应重点检测下列内容：

①建坝顺序，坝体位置、形式和规模尺寸。

②筑坝土料的种类、性质和含水量；铺土厚度和压实密度。

③坝体施工中有无层间光面、弹簧土层、漏压虚土层和裂缝，施工坝端连接处的处理是否符合要求。

（20）渠系工程的质量控制，应重点检测下列内容：

①布设位置、比降、过水断面粗糙度及边坡稳定性。

②断面形式、结构尺寸、衬砌的材料与砌筑质量、关键部位的处理措施。

（21）护岸护滩工程的质量控制，应重点检测下列内容：

①护岸护滩选型的合理性、布设位置、工程高度以上与地形的衔接。

②坡式护岸的材料与工程力学性能，护脚工程的做法与施工工艺。

③坝式护岸、护滩的型式、位置、主要尺寸，坝轴线与水位水流的影响关系。

④墙式护岸的型式、材料及性能、断面尺寸、细部构造及墙基嵌入河床的深度、结构及稳定性。

⑤清淤清障的范围、障碍物的种类与堆积量、清淤清障进度安排与做法。

（22）坡面水系治理工程的质量控制，应重点检测下列内容：

①截（排）水沟位置、断面尺寸与比例、过流能力、施工质量及出口防护措施。

②蓄水池与沉沙池布设位置、池体尺寸、容量、池基处理及衬砌质量。

③引水及灌水渠总体布设合理、建筑物组成与断面尺寸、过流能力、基础及边坡处理和施工质量。

（23）泥石流防治工程的质量控制，应重点检测下列内容：

①在地表径流形成区，主要检测各种治坡工程和小型蓄排引水工程的配置、规模尺寸和防御标准。

②在泥石流形成区，主要检测各种巩固沟床、稳定沟坡工程，特别是各防治滑坡工程的规模、质量、安全稳定性及防御标准。

③在泥石流流过区，主要检测修筑栏栅坝的材料力学性能、构造尺寸、桩林的密度与埋深，拦挡设施的功能与技术要求。

④在泥石流堆积区，主要检测停淤工程类型与布设位置，排导槽的断面尺寸和比降，渡槽的断面尺寸、比降、槽身长度和渡槽建筑物组成与技术性能。

（24）斜坡护坡工程的质量控制，应重点检测下列内容：

①土质坡面的削坡开级的适用条件、形式、断面尺寸（削坡后的坡度，台阶的高度、宽度等）与稳定性；石质坡面削坡开级坡度、齿槽与排水沟或渗沟尺寸；坡脚坡面的防护措施及其功能。

②干砌石、浆砌石、混凝土护坡采用形式、条件、断面尺寸、材料组成和技术要求。

③工程护坡所处地段水流冲刷与地形条件，选择的材料，施工工艺，截（排）水措施及防护功能。

④植物护坡地形地质条件、选用形式、采用种植方式和林形。

⑤综合护坡的选用条件、材料与技术要求，结合部位处理措施。

（25）土地整治工程的质量控制应重点检测下列内容：

①土地整治工程与坑凹回填工程布局、规模与方法。

②场地整治利用方向、工程措施布设的数量、规模尺寸和质量。弃土（石、渣）场、取土（石、料）场改造后形成坡面的稳定性。

③地表排水工程、地下排水工程、地表引水工程、地下引水工程的布设、规模尺寸与材料。

④土地恢复适宜性、开发利用的合理性与用途。

（三）水土保持工程进度控制

（1）工程进度控制的主要工作，应包括下列内容：

①审批施工单位在开工前提交的依据施工合同约定的工期总目标编制的总施工进度计划、现金流量计划及总说明。

②施工过程中审批施工单位根据批准的总进度计划编制的年、季、月施工进度计划，以及依据施工合同约定审批特殊工程或重点工程的单位（单项）、分部工程进度计划及有关变更计划。

③在施工过程中，检查和督促计划的实施。

（2）施工进度应考虑不同季节及汛期各项工程的时间安排和所要达到的进度指标。其中植物措施进度应根据当地的气候条件适时调整，施工进度以年（季）度为单位进行阶段控制；淤地坝等工程施工进度安排应考虑工程的安全度汛。

（3）合同项目总进度计划应由监理机构审查。年、季、月进度计划应由监理工程师审批。经业主批准的进度计划应作为进度控制的主要依据。

（4）施工进度计划审批应符合下列程序：

①施工单位应在施工合同约定的时间内向监理机构提交施工进度计划，监理单位审查后报业主审核。

②在收到施工进度计划后及时进行审查，提出明确的审批意见。必要时应召集由监理单位、设计单位参加的施工进度计划审查专题会议，听取施工单位的汇报，并对有关问题进行分析研究。

③审批施工单位应提交施工进度计划或修改、调整后的施工进度计划。

（5）施工进度计划审查应包括下列主要内容：

①在施工进度计划中有无项目内容漏项或重复的情况。

②施工进度计划和合同工期和阶段性目标的相应性与符合性。

③施工进度计划中各项目之间逻辑关系的正确性与施工方案的可行性。

④关键路线安排和施工进度计划实施过程的合理性。

⑤人力、材料、施工设备等资源配置计划和施工强度的合理性。

⑥材料、构配件、工程设备供应计划与施工进度计划的衔接关系。

⑦该施工项目与其他各标段施工项目之间的协调性。

⑧施工进度计划的详细程度和表述形式的适宜性。

⑨其他应审查的内容。

（6）施工进度的检查与协调，应符合下列规定：

①应督促施工单位做好施工组织管理，确保施工资源的投入，并按批准的施工进度计划实施。

②应及时收集、整理和分析进度信息，做好工程进度记录，以及施工单位每日的施工设备、人员、材料的进场记录，并审核施工单位的工期记录，编制描述实际施工进度状况和控制进度的各类图表。

③对施工进度计划的实施进行定期检查，对施工进度进行分析和评价，对关键路线的进度实施重点跟踪检查。

④根据施工进度计划，协调有关参建各方之间的关系，定期召开生产协调会议，及时发现、解决影响工程进度的干扰因素，促进施工项目顺利进行。

（7）制约总进度计划的分部工程的进度严重滞后时，监理工程师应签发监理指令，要求施工单位采取措施加快施工进度；进度计划需调整时，应报总监理工程师审批。

（8）施工进度计划的调整，应符合下列规定：

①在检查中发现实际工程进度与施工进度计划发生了实质性偏离时，应要求施工单

位及时调整施工进度计划。

②应根据工程变更情况，公正、公平地处理工程变更所引起的工期变化事宜。当工程变更影响施工进度计划时，应指示施工单位编制变更后的施工进度计划。

③应依据施工合同和施工进度计划及实际工程进度记录，审查施工单位提交的工期索赔申请。

④施工进度计划的调整使总工期目标、阶段目标和资金使用等变化较大时，监理机构应提出处理意见报建设单位批准。

（四）工程投资控制目标

（1）工程投资控制的主要工作，应包括下列内容：

①根据工程实际进展情况，对合同付款情况进行分析，提出资金流调整意见。

②审核工程付款申请。

③根据施工合同约定进行价格调整。

④根据授权处理工程变更所引起的工程费用变化事宜。

⑤处理合同索赔中的费用问题。

⑥审核完工付款申请。

⑦审核最终付款申请。

（2）对投资的控制程序应为先经监理工程师审核，再报总监理工程师审定、审批。

（3）计量项目应是施工合同中规定的项目。

（4）可支付的工程量，应同时符合下列条件：

①经监理机构签认，并符合施工合同约定或建设单位同意的工程变更项目的工程量及计日工。

②经质量检验合格的工程量。

③施工单位实际完成的并按施工合同有关计量规定计量的工程量。

④在签发的施工图纸（包括设计变更通知）所确定的范围和施工合同文件约定应扣除或增加计量的范围内，应按有关规定及施工合同文件约定的计量方法和计量单位进行计量。

（5）工程计量，应符合下列程序：

①施工单位在提交监理机构计量前应对所完成的所有工程进行自查登记。

②对淤地坝、拦渣坝（墙、堤）、渠系、道路、泥石流防治及坡面水系等工程措施的现场计量应使用相应的测量工具，逐一进行测量，并做好记录。

（6）付款申请和审查，应符合下列规定：

①计量结果认可后，方可受理施工单位提交的付款申请。

②施工单位应在施工合同约定的期限内填报付款申请报表，在接到施工单位的付款申请后，应在施工合同约定时间内完成审核。付款申请应符合下列要求：

a.付款申请表填写符合规定，证明材料齐全。

b.申请付款项目、范围、内容、方式符合施工合同约定。

c.质量检验签证齐备。

d.工程计量有效、准确。

e.付款单价及合价无误。

f.因施工单位申请资料不全或不符合要求而造成付款证书签证延误的，应由施工单位承担责任；未经监理机构签字确认，建设单位不应支付任何工程款项。

五、施工安全、职业卫生与环境保护

（1）监督施工单位建立健全安全、职业卫生保障体系和安全职业卫生管理制度，对施工人员进行安全卫生教育；应组织监理单位对施工安全和职业卫生进行检查、监督；应审查水土保持工程施工组织设计中的施工安全及卫生措施。

（2）对施工单位执行施工安全及职业卫生法律、法规，工程建设强制性标准及施工安全卫生措施情况进行监督和检查，发现不安全因素和安全隐患以及不符合职业卫生要求时，应要求监理单位书面指令施工单位采取有效措施进行整改。若施工单位延误或拒绝整改，监理机构可责令其停工。

（3）检查防汛度汛方案是否合理可行，土坝工程的坝体施工原则上不应临汛开工。

（4）监督施工单位避免对施工区域的植物（生物）和建筑物破坏。淤地坝等生态工程；还应在工程完工后，按设计检查施工单位坝坡植物措施质量、取土场整理绿化及施工道路绿化工作，做好恢复植被工作。

（5）监督施工单位按照设计有序堆放、处理或利用弃渣，防止造成环境污染，影响河道行洪能力。工程完工后应督促施工单位拆除施工临时设施，清理现场，做好恢复工作。

六、水土防治区及控制要点

（一）枢纽工程防治区

（1）枢纽工程防治责任范围包括水库淹没区及库周影响区、导流工程挡水坝、溢洪道、泄洪冲沙建筑物、引水发电系统、溢洪道下游冲刷雾化区和坝址下游影响河段等。

（2）本防治区工程措施包括坝区开挖高边坡截排水措施、剥离耕植土；植物措施包括岸坡格栅植草、坝肩开挖边坡生态护坡工程；而且应对施工单位的施工提出水土保持管理要求，对水库淹没区、库周地质灾害处理区等区域提出措施要求。

（3）施工过程中水土保持应特别关注以下事项：

①控制开挖边坡。针对导流工程、挡水坝、厂房等主要建筑物，在主体工程设计中结合地质条件控制边坡坡度，采取的削坡、清坡、截排水沟、锚杆、喷射砂浆等防护措施须及时实施，保证防护的时效性。

②加强溢洪道和坝址下游岸坡的防护和监测，防止下泄水流对岸坡的冲刷。

③库区清库期间尽量避免雨日施工，同时加强施工期间对库区周边植被的保护。

④溢洪道、坝肩、导流隧洞进出口等高陡边坡开挖过程中，开挖土石渣及时运至规划弃渣场，抛撒于下坡面的土石方要及时清除，从而减少对周围地表植被的损坏。

（4）枢纽工程区控制要点：

①按照水保方案要求，做好土石方开挖、运输的管理，项目开工前，做好有用表土的清理和临时堆存，作为后续绿化、黏土心墙等项目使用的材料。

②枢纽区项目一般以工程施工为主，工作重点为巡查枢纽区开挖边坡是否防护，是否存在沿江（河）弃渣等问题。

③植物措施具体工作根据专项绿化设计开展。

（二）场内道路防治区

（1）场内道路防治区防治责任范围包括工程区场内道路、道路施工影响区及排水设施出水口下游影响区等。

（2）施工过程中水土保持应注意以下事项：

①根据道路挖填部位的地质条件和《公路工程技术标准》相关要求，确定合理的路堑和路堤边坡。边坡开挖过程中，严格控制爆破炸药量，对路基下坡面抛撒的土石方、坡面危石或松动岩土体，及时进行清除。

②场内道路弃渣及时运至规划弃渣场堆放，严禁弃渣任意堆置或倾倒入江。

③填筑路段要求分层填筑，分层压实，对陡坡填筑坡脚进行拦挡。挖方路段边坡采用护面墙、喷砼、护肩、砌石护坡等防护措施。

④道路两侧及边坡设置完善的截排水系统，并加强施工过程中对设施的管理维护，对可能造成淤堵的截排水沟进行清理，以保证水流顺畅。同时，加强排水出口下游部分侵蚀观测，对可能造成侵蚀的部位采取防冲防护措施。

⑤对挖填形成的高陡边坡及其外缘影响区，加强道路施工和运行阶段的调查监测，如有坡面侵蚀或边坡失稳等现象，及时采取防护措施。

⑥各项水土保持措施与道路主体工程施工同步，及时有效地防治道路施工扰动区的土壤侵蚀。

（三）弃渣场防治区

（1）弃渣（存料）场的清场、表土剥离及防护、挡渣墙、截水沟、排水沟、沉砂池、护坡、土地平整覆土改造和复垦绿化等基本工程措施的重点同取料场。

（2）为保证渣体稳定，施工中需严格控制堆渣程序，按照设计确定合理的边坡坡度，弃渣（存料）场的边坡坡度一般取 1：1.5~1：2.5，渣体坡面采用植物措施。渣体高度每升高 2~3m 平整一次，并碾压 3~4 遍；同时控制坡比，小于弃渣（存料）体的内摩擦角（土质渣体 25°，石质渣体 30°）达到自然稳定状态；随时检查堆渣高度和碾压遍数，同时注意控制坡比。

（3）挡渣墙根据地质条件等可选择重力式浆砌石挡（渣）墙等。

（4）在施工过程中，应监督检查下列主要工艺内容：

①检测已测量放线的构筑物位置尺寸、高程和基底处理情况。

②随时抽检所使用的石料规格及外形尺寸，检测砂浆的稠度等技术指标。

③检查砌筑的施工质量，检测灌浆饱满度、沉降缝分段位置，泄水孔、预埋件、反滤层，以及防水设施等是否符合设计规定或规范要求。砌体工程完工时，应及时对断面尺寸、顶面高程、墙面垂直度、轴线位移、平整度等方面进行检查，合格应签字认可。若发现缺陷，及时通知承包人修补完整，并进行检查验收，合格后再签字认可。

（5）对于沟道型渣场，在堆渣之前必须在渣场上游做好沟水处理设施，导排上游汇水。沟水处理设施主要包括排洪渠（洞）、挡水坝、泄水槽等，同时在渣场排水系统末端设置沉砂池，以减少对下游影响区的影响。

（6）治污措施可参考取料场工程区相关要求。

（7）临时措施主要为表土堆放场地临时防护和临时弃渣（存料）场表面的绿化。表土防护措施类型同取料场工程区；临时渣场表面绿化则主要采取简易绿化措施，如撒播草籽复绿等。

（8）弃渣（存料）过程中严格控制弃渣（存料）坡度；严格控制车辆装渣高度及车辆行驶速度，防止运输过程中弃渣撒落；加强弃渣（存料）运输道路的清扫及洒水降尘措施，防止二次扬尘。

（四）料场防治区

（1）料场防治区防治责任范围包括土料场、石料场、料场周边开挖影响区和排水设施出水口下游直接影响区。

（2）本防治区工程措施包括：剥离耕植土、拦挡措施、排水措施以及开采迹地整理等；植物措施包括：土石料场开采迹地绿化和开采边坡绿化防护，同时要满足施工过程中的水土保持要求。

（3）施工过程中水土保持应关注如下事项：

①土、石料开挖前，对开采区域进行分区规划，地表无用层剥离集中在非雨季进行。

②料场剥离的无用层料中，拟用于后期绿化和复耕覆土的部分，及时运至规划的表土堆存场临时堆放，并采取覆盖、填土草包围护等临时的防护措施，防止水土流失；废弃部分运至弃渣场集中堆置。

③如料场开挖面积较大，则在开挖前完善料场区域的截排水设施。

④开采自上而下分层进行，严格按设计要求控制开挖边坡，边开采边防护，确保开挖边坡的稳定。

⑤石料爆破开采过程中，应采用小量多次爆破的采石方法，减轻爆破对坡面的震动，尽量减缓开采边坡的坡度。采挖结束后，对料场进行清理，清理坡面浮土、石和坡脚处的松散体。

⑥考虑开采区坡度较陡，料场下游及两侧有沟道和施工道路，土石料开采期间需加强施工管理，确保道路顺畅和施工安全。

⑦开采过程中，严禁废渣倾倒入附近河道和沟道内，避免对河（沟）道行洪产生不利影响。

⑧挖区和排水设施出水口下游直接影响区加强施工管理，保证排水顺畅，如有沟道淤堵和冲刷侵蚀现象发生，及时采取防护措施。

（4）取料场工程区控制要点：

①取料场在开采之前首先要清场，将取料场表面树枝、石块等杂物清理干净，为表土剥离做准备。

②清场后将表土进行剥离，一般剥离厚度为 20~30cm，也可根据设计文件确定。剥离的耕植土堆放储存，四周夯实加以防护，以备复垦使用。

③对于切坡取料的取料场，根据设计图纸要求测量放样后在临空面坡肩以上修建拦水埂，拦截坡面径流，以保护取料形成的临空坡面不直接遭受洪水冲刷，拦水埂排水接周边排水沟。

④取料场周围沿征地界线开挖周边排水沟，一般采用矩形断面，50cm×50cm，浆砌片石形式，开挖坡比控制在 1∶1.5，对具有膨胀潜势的土质，坡比控制在 1∶2.0，内壁夯实。排水沟与附近沟渠相连通。断面尺寸也可根据设计文件确定。

⑤在施工过程中，应监督检查下列主要内容：

a.根据承包人申报的排水沟砌筑施工工艺、要求、措施，以及石料材质自检资料和现场施工条件等，审查批准承包人的排水沟开工申请；完工时在承包人自检合格基础上，须复查，合格的签认交工证书，如不合格的令承包人返工重做，直到合格为止。在施工前，应复查承包人砌筑的石料材质和方法是否符合要求；查看第一皮块石及转角、交叉和洞口处是否应用较大的块石砌筑；基础第一皮块石应大面向下；分层卧砌高度不得超过 1.2m；砌筑过程因故临时中断时应留阶梯形斜槎，其高度不应超过 1.0m，且应待砂浆强度达到 25kg/cm² 以上时方可继续施工。

b.复核砂浆抗压强度，砌筑体的高程、高度、厚度、宽度、垂直度、平整度、勾缝和片石是否均符合规定。

（5）根据设计要求设置沉沙池。沉沙池多为混凝土沉沙池和砖石砌筑沉沙池。

①混凝土沉沙池检查重点：审查承包人的施工工艺、方案措施及现场施工条件等，决定开工批复意见；完工时须复查，合格后签认交工证书。在施工中复核检测的内容有以下几点：

a.沟槽与排水是否符合要求；模板是否坚实稳固不漏水；钢筋加工制作、绑扎及其规格、间距、保护层等是否均符合设计规定。

b.混凝土配合比及其抗压强度是否符合规定。

②砖石砌筑沉沙池检查重点：是否具有足够的稳定性、刚度和强度；砖墙勾缝前检查砌体灰缝的连接深度是否符合要求，如有瞎缝，应予凿开清除杂物，洒水湿润墙面；检查勾缝质量和凹缝是否符合规定；检查灰缝有无搭茬、毛刺、舌头灰等现象。

（6）取料场开挖结束后，对部分开挖形成的高陡边坡进行削坡处理，采取工程措施和植物措施加以防护。

（7）工程防护措施采取浆砌石护坡，在施工过程中，应监督检查下列主要工艺内容：

①检测已测量放线的坡面的位置尺寸、高程和基底处理情况。

②随时抽查检测砂浆的稠度等技术指标。

③检查砌筑的施工质量，检测平整度、缝度、外形尺寸、泄水孔、预埋件等是否符合设计规定或规范要求。

④发现缺陷及时通知承包人修整，验收合格后各方签字认可。

（8）植物措施：

①土地平整分两步进行，首先对弃渣场顶部和边坡进行全面粗平整，在沉降稳定之后补填沉陷穴；然后再进行细平整，以待覆土。

②覆土采用局部与整体相结合的方法，即在每个种植穴采用局部覆土的方法，顶部和边坡采用整体覆土 15cm 以上并种草。

③弃渣结束后，结合实际，根据地形条件、土质、周边人口密度、交通条件、生产和生活习惯等因素，采取整平复垦绿化和复耕两种方式加以利用，减缓人地矛盾，充分利用土地资源。

④植物防护措施采取植树种草，根据不同的土质情况选择相应的树种、草种及合适的种植方式。在施工中应监督检查以下内容：

a.铺设表土和现场清理，将石块、垃圾等清除，翻松打碎，铺设碾压表土。

b.检查植物品种、来源和规格以及挖移运送养护设备。

c.检查放线、定位，挖种植穴、槽。

d.检查种植、浇水、修剪及养护等情况，发现缺陷及时通知承包商整改，验收合格后各方签字认可。

（9）临时措施主要为表土堆放场地设置临时防护，防护措施为填土编织袋防护等，编织袋需严格按照设计要求的坡度堆砌，选用规格统一的编织袋，分层以品字形堆砌。同时，在其周围修建临时排水沟及临时沉砂池。

（10）取料过程中严格控制取料坡度，避开雨日取料；严格控制车辆装土高度及车辆行驶速度，防止运输过程中撒落；加强取料运输道路的清扫机洒水降尘措施，防止二次扬尘。

（五）存料场防治区

（1）存料场工程措施主要为堆料拦挡、排水和沉沙措施。

（2）植物措施主要为存料场后期迹地恢复。

（3）临时措施主要为施工期间的临时绿化措施，同时补充施工管理措施。

（六）施工生产生活防治区

（1）施工生产生活防治区防治责任范围包括施工生产生活设施区、开挖区周边影响范围和排水设施出水口下游影响范围。

（2）本防治区工程措施包括：剥离耕植土、拦挡措施、排水措施等；植物措施包括：临时办公区绿化和施工迹地绿化，同时满足施工过程中的水土保持要求。

（3）施工过程中水土保持控制要点：

①施工临时设施用地场平过程中，结合地形条件，采用半挖半填的形式，减少土石方工程量，并尽量做到挖填平衡。

②施工场地表土剥离一般为20~30cm，也可根据设计文件确定。剥离的耕植土堆放储存，四周夯实加以防护，以备复垦使用。

③水电站临时设施建设主要以房建和修筑平台设施为主，结合地形考虑，依地势进行台阶式布置，为保证台阶间外边坡及设施基础稳定，采取浆砌石护面墙、挡墙等进行防护。

④建设过程中，对废弃的建筑垃圾及时进行清除，运至指定区域，扰动区域控制在征地红线范围内，严禁破坏周边的土地资源。

⑤场地排水结合上游及周边来水情况，设置完善的截排水系统，以保证施工区地表及沟道排水通畅，防止裸露地表侵蚀；在场地平整之前必须先建设排水和拦挡措施，沟谷地带布置的施工场地周边需优先建设排水系统，包括山坡截水系统、上游来水的排水系统等；在坡地建设的施工场地需在场地上游设置截水系统，开挖边坡，坡脚设置挡墙等；场平完成后需在场内设置完善的排水系统。

⑥临时防护措施主要包括表土堆存场临时防护措施，临时施工道路排水和防护措施，以及坡面开挖过程中在下侧设置的栅栏、沙袋等临时拦挡措施。

⑦施工过程中，施工仓库区、施工临时生活区等区域内，各项设施间的零星空地进行适当绿化美化，改善工作环境，增加地表植被覆盖度，减少地表侵蚀；绿化包括开挖坡面框格植草、填筑边坡绿化以及场地空地绿化等，绿化树种应尽量选用乡土树种；砂石料系统、混凝土系统等区域场地内绿化需选用具有吸尘、减噪等植物特性的树种；表土堆存区绿化以草本植物为主。

⑧加强施工期各项临时防护措施的实施，如临时排水沟、沉沙池等。

（七）桥梁工程区

（1）桥梁钻渣呈半流塑状，受降雨和地表径流冲刷，极易造成水土流失；桥台基础开挖，易产生水土流失。

（2）桥梁施工禁止侵占河道，影响河道行洪。

（3）加强工程涉河路段的防护，占用水域的，须到河道管理部门审批。

（4）为避免桥梁施工对上下游河道造成影响，应要求施工单位严格施工管理，合理施工，严格监督，必须按照方案设计的桥梁工程防治区水土保持措施进行施工，严禁向河道内倾倒土石方，保证泥浆钻渣得到妥善处理，避免对桥梁上下游河道造成水土流失危害。

（5）在桥梁工程施工之前，开挖完成设计要求的泥浆池和沉淀池，开挖土料堆置在池四周；施工过程中产生的钻孔渣及时运至沉淀池干化处理，处理完成后清运至指定弃渣场或回填绿化；施工结束后，对于泥浆池、沉淀池施工迹地进行绿化恢复。

（6）桥梁施工结束后，施工单位需及时对沉淀池和泥浆池进行迹地恢复，场地平整后，可绿化或复耕。

（八）水库淹没区

（1）做好淹没区内有关防护措施的落实工作。重点是淹没区淹没后可能存在边坡塌方区域的防护处理，道路边坡的防护处理等。

（2）对弃渣场、取料场等可能处于淹没范围的，应该及时做好淹没前的各项防护工作，做好照片等影像资料的收集、存档工作。

（3）巡查库周是否存在塌方，发现问题要及时要求相关单位整改。

（九）移民安置防治区

（1）了解移民安置人口的规模、安置方式和各安置点概况。

（2）了解专项设施拆除和复建情况，包括实施进度、效果等。

（3）掌握移民安置区和专项设施拆建建设过程中采取的土地保护措施、水土保持措施、生态保护措施和人群健康保护措施等实施情况；检查措施是否满足环境影响报告书和水土保持方案报告书及其批复要求，效果如何。

（4）检查移民安置区生活污水处理措施、生活垃圾的处置措施和水土保持措施等，是否满足"三同时"要求和环境影响报告书与水土保持方案报告书及其批复要求。

（5）移民过程中，主要水土流失环节包括移民拆迁、集镇建设、生产安置、土地开发整理和专项复建设施，为有效控制可能造成的水土流失，监管部门要提出实施过程中水土保持的相关要求。

①移民拆迁。

a.库区拆迁产生的建筑垃圾，应就地平整，并适当进行压实。

b.建设区涉及的拆迁，产生的建筑垃圾，堆置到规划的弃渣场内；施工结束后，对施工迹地进行复耕或绿化。

②集镇建设。

a.安置点设置应结合县级村镇规划，充分利用现有村镇规划中已具备的基础设施和公共设施，减少重复建设，少占用土地，减少对植被的破坏。

b.考虑到安置区以山坡地为主，为减少土石方开挖，房屋结构、走向和基础高程等应结合原地形，依地势进行台阶式布置，采取半挖半填的形式。

c.基建过程中产生的废土、废渣，尽可能用于场地平整，回填剩余土方，并且应与安置点附近的土地开发整理相结合，进行统一规划平衡，严禁随意倾倒。

③生产安置土地开发整理。

a.土地开发整理过程中，进行统一规划，以集约化经营，便于耕作和灌溉为指导思想，因地制宜，充分利用天然等高线和边角地，直线布置，以减少平整土地的挖填土方工程量；尽量利用已有供（引）水设施及田间灌排渠系等原有工程设施，以节省投资。

b.结合当地农业结构调整，对开发整理后的土壤进行适宜性分析评价，确定指导性强的种植作物和耕作方式。

c.土地开发整理必须严格按照土地开垦和水土保持的有关规定进行。实施坡改梯和保土耕作措施，严禁顺坡耕作、陡坡开垦等不合理耕作方式。

供（引）水工程充分利用现有设施进行改造，渠道开挖土石方尽量用于回填，剩余少量土石方就地平整，剥离表土覆于表层，有利于地表生产力的及时恢复。

④专项复建设施。

专项复建设施主要包括库周道路、安置点连接道路、电力线路、电信线路等专项设施，为恢复其原有功能，需对其进行复建。结合不同工程性质的专项设施复建，提出相应的水土保持要求。

a.库周道路施工加强临库一侧拦挡防护，避免挖填土石方流失入库；安置点道路结合地形合理确定路面高程，开挖土石方尽量用于路基填筑，工程防护用料尽量采用开挖石渣。

b.电力、通信线路工程等设施为线性工程，为防止水土流失，施工中须注意周边植被保护；施工结束后，及时采取相应的防护措施。

c.考虑到复建设施以线性工程为主，要求施工一段防护一段，避免施工后集中防护，保证防护的时效性。

（十）道路施工区

（1）道路开挖前，要求清表，表土临时堆存。

（2）道路路基开挖中，要求对路基边坡做好临时防护，避免开挖土石方进入下边坡而给后续浮渣清理工作带来难度。

（3）监督避免施工单位随意扩大开挖范围或开挖土石方而对周围原有植被产生占压。

（4）设计中未考虑防护的区域，根据实际情况督促增设防护措施或排水设施，清理沟道内各类淤积物，确保截排水沟排水功能的正常使用。

（5）植物措施参考弃渣场工程区，并结合设计情况，检查道路植物措施实施效果。

（6）督促对道路施工涉及的临建场地进行清理，符合要求后施工单位方可退场。

（十一）施工临时设施工程区

（1）施工临时设施用地场平过程中，结合地形条件，采用半挖半填的形式，减少土石方工程量，并尽量做到挖填平衡。

（2）施工场地表土剥离一般为20~30cm，也可根据设计文件确定，剥离的耕植土堆放储存，四周夯实并加以防护，以备复垦使用。

（3）水利工程临时设施建设主要以房建和修筑平台设施为主，结合地形考虑，依地势进行台阶式布置；为保证台阶间外边坡及设施基础稳定，采取浆砌石护面墙、挡墙等进行防护。

（4）建设过程中，废弃的建筑垃圾及时进行清除，运至指定区域，扰动区域控制在征地红线范围内，严禁破坏周边的土地资源。

（5）场地排水结合上游及周边来水情况，设置完善的截排水系统，以保证施工区地表及沟道排水通畅，防止裸露地表侵蚀；在场地平整之前必须先建设排水和拦挡措施，沟谷地带布置的施工场地周边需优先建设排水系统，包括山坡截水系统、上游来水的排水系统等；在坡地建设的施工场地需在场地上游设置截水系统，开挖边坡坡脚设置挡墙等；场平完成后需在场内设置完善的排水系统。

（6）临时防护措施主要包括表土堆存场临时防护措施，临时施工道路排水和防护措施，以及坡面开挖过程中在下侧设置的栅栏、沙袋等临时拦挡措施。

（7）施工过程中，施工仓库区、施工临时生活区等区域内，各项设施间的零星空地进行适当绿化美化，改善工作环境，增加地表植被覆盖度，减少地表侵蚀；绿化包括开挖坡面框格植草、填筑边坡绿化以及场地空地绿化等，绿化树种应尽量选用乡土树种；砂石料系统、混凝土系统等区域场地内绿化需选用具有吸尘、减噪等植物特性的树种；表土堆存区绿化以草本为主。

（8）加强施工期各项临时防护措施的落实，如临时排水沟、沉沙池等。

（十二）生态补偿

1.生态补偿的途径与方式

生态补偿的途径分为政府补偿和市场补偿两大类型，以政府补偿为主，市场补偿为辅。补偿方式可以分为政策补偿、资金补偿、实物补偿、项目补偿、技术补偿等。

2.生态补偿资金的筹措

设立库区生态补偿专项基金，专门用以库区的环境污染治理与生态保护恢复，以及发展机会成本补偿，并建立专项基金的申请、使用、监管、效益评估与考核制度，提高生态补偿专项基金使用效益。

3.库区生态补偿的管理机制

建立以政府为主导的生态补偿机制平台，协调财政、移民、环保、水利、水保、卫生、国土、建设等职能部门共同推进生态补偿机制。库区地方政府是生态补偿机制的实施和责任主体，具体负责实施本辖区的生态补偿工作。

4.生态补偿的落实

及时制定库区生态保护的总体战略，坚持政府领导、区域协调、方式多样、讲求实效等原则，运用相关理论和思想，遵循自然和社会的客观规律，适时组织编制实施《水电站库区生态补偿规划》，健全完善生态补偿的工作机制，有效地协调好生态环境保护、资源永续利用和生态补偿、经济社会发展的关系，促进库区生态环境良好保护。

（十三）水土保持措施控制

（1）水土保持措施应从工程措施、植物措施和临时措施方面进行监督检查。

（2）水土保持工程措施、植物措施及临时措施应按下列规定执行：

①工程措施应重点关注挡渣工程、斜坡防护工程、土地整治工程、防洪排导工程、降水蓄渗工程和防风固沙工程。植物措施应重点关注植被恢复措施、植物护坡工程、综合护坡工程和绿化美化措施。临时措施应重点关注施工场地开挖防护措施、表面覆盖措施、临时挡土（石）工程、临时排水设施、沉沙池和临时种草措施。

②采用资料对比和现场核查的方法，核查工程措施与环境影响评价文件、环境保护设计文件的符合性及程序的合规性。重点关注位置、类型、结构、规模和布置。

③采用资料对比和现场核查的方法，核查植物措施与环境影响评价文件、环境保护设计文件的符合性及程序的合规性；重点关注树草种选择、苗木与草种规格、配置方式与密度、种植与管护方式、规模。

④采用资料对比和现场核查的方法，核查临时措施与环境影响评价文件、环境保护设计文件的符合性及程序的合规性；重点关注位置、类型和规模。

⑤检查水土保持工程措施是否满足"先挡后弃"原则；检查表土剥离与堆存等水土保持措施实施进度是否符合环境保护"三同时"原则。

⑥通过检查扰动土地整治率、土壤流失控制比、林草植被恢复率、拦渣率、林草覆盖率和水土流失总治理度等，分析水土保持措施的实施效果，并分析其与环境影响评价文件、环境保护设计文件的符合性。

⑦采取现场跟踪、巡查等方法，对违规弃渣等施工行为及时制止，并及时采取相应的处罚措施。

七、水土保持工程变更

水土保持方案经批准后，生产建设项目地点、规模发生重大变化，有下列情形之一的，生产建设单位应当补充或者修改水土保持方案，报水利部审批。

（1）涉及国家级和省级水土流失重点预防区或者重点治理区的。

（2）水土流失防治责任范围增加 30%以上的。

（3）开挖填筑土石方总量增加 30%以上的。

（4）线形工程山区、丘陵区部分横向位移超过 300m 的，长度累计达到该部分线路长度的 20%以上的。

（5）施工道路或者伴行道路等长度增加 20%以上的。

（6）桥梁改路堤或者隧道改路堑累计长度 20km 以上的。

（二）水土保持方案实施过程中，水土保持措施发生下列重大变更之一的，生产建设单位应当补充或者修改水土保持方案，报水利部审批。

（1）表土剥离量减少 30%以上的。

（2）植物措施总面积减少 30%以上的。

（3）水土保持重要单位工程措施体系发生变化，可能导致水土保持功能显著降低或丧失的。

（三）在水土保持方案确定的废弃砂、石、土、矸石、尾矿、废渣等专门存放地（以下简称"弃渣场"）外新设弃渣场的，或者需要提高弃渣场堆渣量达到 20%以上的，生产建设单位应当在弃渣前编制水土保持方案（弃渣场补充）报告书，报水利部审批。其中，新设弃渣场占地面积不足 1hm² 且最大堆渣高度不高于 10m 的，生产建设单位应先征得所在地县级人民政府水行政主管部门同意，并纳入验收管理。渣场上述变化涉及稳定安全问题的，生产建设单位应组织开展相应的技术论证工作，按规定程序审查审批。

八、信息管理

（1）制定包括文档资料、图片及录像资料收集、整编、归档、保管、查阅、保密等信息管理制度，设置信息管理人员并制定相应岗位职责。

（2）应及时收集、分析、整理工程建设中形成的工程准备文件、监理文件、施工文件、竣工图和竣工验收文件等各种形式的信息资料，工程完工后及时归档。

（3）通知与联络，应符合下列规定：

①建设单位与监理单位、施工单位、设计单位，以及与其他单位的联络应以书面文

件为准。特殊情况下可先口头或电话通知，但事后应及时予以书面确认。建设单位与施工单位之间的业务往来，应通过监理单位联络或见证。

②发出的文件应做好签发记录，并根据文件类别和规定的发送程序，送达对方，并由收件方指定联系人签收。

③对所有来往文件均应及时发出和答复，不应扣押或拖延，也不应拒收。

④收到政府有关管理部门和监理单位、施工单位的文件，均应按规定程序办理签收、送阅、收回和归档等手续。

第六章 水土保持工程控制与管理

第一节 水土保持工程质量控制

一、水土保持工程质量控制

（一）水土保持工程质量的概念

水土保持工程质量是指国家和行业的有关法律、法规、技术标准、设计文件和合同中，对水土保持工程的安全、适用、经济、美观等特性的综合要求，其包括设计质量、施工质量、供应材料质量等。

（二）水土保持工程质量控制的概念

质量控制就是指为保证某一产品、过程或服务满足规定的质量要求所采取的作业和技术活动。水土保持工程质量控制，实际上就是对水土保持工程在可行性研究、勘测设计、施工准备、建设实施、后期运行等各阶段、各环节、各因素的全过程、全方位的质量监督控制。

二、水土保持工程项目各阶段的质量控制

（一）设计阶段的质量控制

经批准的水土保持工程可行性研究报告和开发建设项目水土保持方案，是项目设计阶段质量控制的主要依据。它包括审核设计纲要和设计文件，从而保证项目设计既符合项目规定的质量要求，又符合工程规范和有关技术标准要求，还符合现场和施工实际条件，以及各工程设计之间的相互协调。

1.外业调查和调绘工作的质量控制

在设计阶段，监理机构首先应该要求设计单位按照合同规定的进度，完成现场调查、调绘与资料收集工作；其次，必须督促设计单位将外业调查与调绘、资料收集的基本工作量进行分解，并编入设计工作大纲，按照设计单位提交并经审查批准的设计大纲，检查督促设计工作的质量与进度。

2.勘测工作的质量控制

水土保持工程勘测工作，主要通过对地形、地质资料分析和实地查勘，在此基础上，测量地形图，作为设计的基础工作，其深度与质量直接影响设计工作的质量。因此，设计单位必须按照合同规定，全面完成现场勘测的工作。监理工程师必须按照合同与设计任务大纲的进度与工作要求，检查督促勘测工作的进度和质量。

3.水土保持措施设计质量的控制

水土保持措施配置的合理性审查，是控制设计质量的重要步骤。审查按照设计任务书和设计大纲的目标要求，使设计的水土保持治理措施配置方案。同时，满足项目建设各个目标的实际需要。对设计中存在的有关问题，提出质询和具体的修改意见；要求设计单位进行解释和进行修正，以保证通过治理措施配置方案的审核使设计满足设计大纲的有关要求，符合国家有关水土保持工程建设的方针、政策。

4.设计图表及设计文件的质量控制

监理工程师应该通过审核设计单位提交的设计图表和设计文件内容的正确性、完整性、一致性，审核各单项工程的典型设计或标准设计是否符合设计深度的要求，来保证

设计成果的质量。图纸的审核主要侧重审核各项设计是否符合规定的质量标准和要求，审核概预算文件是否符合投资限额的要求等。

（二）施工阶段的质量控制

通过参与施工招标工作，优选承建单位，并派驻现场监理工程师进行现场施工监理，审核施工方案，控制原材料质量，检查工序质量，从而保证工程施工符合规范和合同规定的质量要求。按工程质量形成的时间阶段划分，施工项目质量控制可分为施工准备阶段的质量控制、施工过程中的质量控制、施工后的质量控制。

1.施工准备阶段的质量控制

在施工准备阶段，监理人员应对承包人的准备工作进行全面的检查及控制。

（1）对施工队伍及人员质量的控制。监理人员开工前应审查承包人的施工队伍及人员的技术资质与条件是否符合要求；经审查认可后，方可上岗施工；不符合要求的人员，监理人有权要求撤换，或经过培训合格后，经监理人认可后可上岗。审查的重点一般是施工组织者、管理者，以及特殊专业工种和关键的施工工艺、技术、材料等方面的操作者的能力素质。

（2）对施工材料的质量控制。①植物措施（林草措施）材料质量的控制。这主要是对造林种草使用的苗木及种子的质量进行控制。苗木的生长年龄、苗高与地径等必须符合设计和有关标准的要求。苗木出圃前，应由监理工程师或当地有关专业部门对苗木的质量进行测定，并出具检验合格证书。苗木出圃起运至施工场地，监理工程师或施工技术人员应及时对苗木的根系和枝梢进行抽样检查，检查合格后才允许使用。育苗、直播造林、造草使用的种子，应有当地种子检验部门出具的合格证书。播种前，应进行纯度测定和发芽率试验，符合设计和有关标准要求才能签发合格证进行播种。

②工程措施材料质量的控制。按照国家规定，建筑材料，预制件的供应商应对供应的产品质量负责。供应的产品必须达到国家有关法规、技术标准和购销合同规定的质量要求，要有产品检验合格证、说明书及有关技术资料。

因此，原材料和成品到场后，施工单位应对到场材料和产品，按照有关规范和要求进行检查验收；填写建筑材料报验单，详细说明材料来源、产地、规格、用途及施工单位的试验情况等。报验单填好后，连同材料出厂质量保证书和检验资质单位的试验报告，一并报送监理机构审核。

（3）对施工方案、方法和工艺的控制。其主要审查组织体系及质量管理体系是否健全；施工总体布置是否符合规定，是否能保证施工顺利进行，是否有利于保证质量；认真审查施工环境状况，以及可能在施工中对质量安全带来不利的影响；审核施工组织设计措施，能否保证工程质量；审核施工单位提交的施工计划及施工方案、检查施工程序、施工方法是否合理可行；施工机械设备及人员配备与组织能否满足质量及进度的需要。

（4）工程施工测量放样的质量控制。工程施工测量放样是工程建设由设计转化为实物的第一步。施工测量质量的好坏直接影响工程的最终质量及相关工序的质量，因而监理人员应要求承包人对给定的原始基准点、基准线和参考高程控制点进行复核。经审核批准后，承包人方能够据此进行准确的测量放线。

（5）建立监理人员质量监控体系。为保证工程质量目标的顺利实现，还应建立完善的监理人员质量监控体系，做好监控工作，使之适应施工项目质量监控的需要。

（6）组织设计交底与图纸审核。设计图纸是监理单位、设计单位和施工单位进行质量控制的重要依据。为使施工单位尽快熟悉图纸，同时也为了在施工前及时发现和减少图纸的错误。开工前，由监理工程师组织施工单位和设计单位代表参加设计交底。首先，由设计单位介绍设计意图、结构特点、施工及工艺要求，技术措施和有关注意事项等关键问题。如有关地形地貌、水文气象、工程地质条件，施工图设计依据、设计图纸、设计特点、采用的设计规范、设计思想、施工进度与工期安排等内容。随后，由施工单位提出图纸中存在的问题和疑点以及需要解决的技术难题。通过三方研究商讨后，拟定出解决的方法，并写出会议纪要，以作为对设计图纸的补充。

此外，监理工程师应对施工图纸进行审查，主要审查施工图设计者资格及图纸审核手续是否符合规定要求，是否经设计单位正式签署；图纸与说明书是否齐全，是否符合监理大纲提出的要求；图纸中有无矛盾之处，表示方法是否清楚和符合标准；地质及水文地质等基础资料是否充分、可靠；所需材料来源有无保证，能否替代；所提出的施工工艺、方法是否切合实际，能否满足质量要求，是否便于施工；施工图或说明书中所涉及的各种标准、图册、规范、规程等，施工单位是否具备。

（7）做好施工场地及道路条件的保障工作。保证施工单位能尽早进入施工现场，监理工程师应使项目法人按照施工单位施工的需要，及时提供所需的场地和施工通道，以及确保水、电、通信线路已经开通，否则，应敦促项目法人努力实现。

当施工现场的各项准备工作经监理工程师检查合格后，即发布书面的开工指令。

2.施工过程中的质量控制

对施工单位的质量控制自检系统进行监督，使其能在质量管理中始终发挥良好作用。如在施工中发现不能胜任的质量控制人员，可要求承包人予以撤换；当其组织不完善时应促使其改进完善。

监督与协助承包人完善工序质量控制。由于工程实体质量是在施工过程中形成的，而不是最后检验出来的。施工过程是由一系列相互联系和制约的工序构成的，工序是人员、材料、机械设备、施工方法和环境等因素对工程质量综合作用的过程，因此对施工过程的质量监控，必须以工序质量控制为基础和核心，落实在各项工序的质量监控上，设置质量控制点，严格质量监控。

（1）工序质量监控的主要内容。工序质量监控主要包括工序活动条件的监控和对工序活动效果的监控。

①工序活动条件的监控。所谓工序活动条件的监控就是指对影响工程生产因素进行控制，工序活动条件的监控是工序质量控制的手段。尽管在开工前对生产活动条件已进行了初步控制，但在工序活动中有的条件还会发生变化，使其基本性能达不到检验指标，这正是生产过程质量不稳定的重要原因。因此，只有对工序活动条件进行控制，才能达到工程或产品的质量性能特性指标的控制。工序活动条件包括的因素较多，要通过分析，分清影响工序质量的主要因素，抓住主要矛盾，逐渐予以调节，以达到质量控制的目的。

②工序活动效果的监控。主要反映在对工序产品质量性能的特征指标的控制上。通过对工序活动的产品采取一定的手段进行检验，根据检验结果分析、判断该工序活动的质量效果，从而实现对工序质量的控制。

其步骤如下：第一，工序活动前的控制，主要要求子样进行质量检验；第二，应用质量统计分析工具（如直方图、控制图、排列图等）对检验所得的数据进行分析，找出这些质量数据所遵循的规律；第三，根据质量数据分布规律的结果，判断质量是否正常；第四，若出现异常情况，寻找原因，找出影响工序质量的因素，尤其是那些主要因素，采取对策和措施进行调整；第五，再重复第二道第四的步骤，检查调整效果，直到满足要求为止，这样便可达到控制工序质量的目的。

（2）工序质量监控实施要点。监理人员对工序活动质量监控时，应先确定质量控制计划，它以完善的质量监控体系和质量检查制度为基础，一方面工序质量控制计划要明确规定质量监控的工作程序、流程和质量检查制度；另一方面需进行工序分析，在影响工序质量的因素中，找出对工序质量产生影响的重要因素，进行主动的、预防性的重点控制。

（3）质量控制点的设置。质量控制点的设置是进行工序质量控制的有效措施。质量控制点是指为保证工程质量而必须控制的重点工序、关键部位、薄弱环节。监理人应督促承包人在施工前，全面、合理地选择质量控制点，并对承包人设置质量控制点的情况及拟采取的控制措施进行审核。必要时，应对承包人的质量控制实施过程进行跟踪检查或旁站监督，以确保质量控制点的施工质量。在水土保持工程建设中，特别是工程措施，如治沟骨干坝、拦渣坝、坡面水系工程，在建设时必须设置工程质量控制点。质量控制点的设置原则主要有以下几方面：

①关系到工程结构安全性、可靠性、耐久性和使用性的关键质量特性、关键部位或重要影响因素设置质量控制点。

②有严格工艺要求，对下道工序有严重影响的关键质量特性、部位设置质量控制点。

③对质量不稳定、出现不合格品的项目设置质量控制点。

（4）工程质量控制点的设置。在实际工程实施控制中，通常是由承包人在分项工程施工前制订施工计划时，就选定设置质量控制点，并在相应的质量计划中进一步明确哪些是见证点，哪些是停止点。所谓见证点和停止点是国际上对重要程度不同及监督控制要求不同的质量控制对象的一种区分方式。见证点监督也称为"W点监督"。凡是被列为见证点的质量控制对象，在规定的控制点施工前，施工单位应提前24h通知监理人员在约定的时间内到现场进行见证并实施监督。如监理人员未按约定到场，施工单位有权对该点进行相应的操作和施工。停止点也称为待检点或H点，它的重要性高于见证点，是针对那些由于施工过程或共享施工质量不易或不能通过其后的检验和试验而充分得到论证的而言。凡被列入停止点的控制点，要求必须在该控制点来临之前24h通知监理人员到场实施监控，如监理人员未能在约定时间内到达现场，施工单位应停止该控制点的施工，并按合同规定等待监理方，未经许可不能超过该点继续施工。

在施工过程中，加强旁站和现场巡查的监督检查；严格实施隐蔽式工程工序间交接检查验收、工程施工预检等检查监督；严格执行对成品保护的质量检查。只有这样才能及早发现问题，及时纠正，防患于未然，确保工程质量，避免发生工程质量事故。

3.施工阶段的事后控制

对施工过程中已完成的产品质量的控制，是围绕工程验收和工程质量评定为中心进行的。

对于施工过程完成的中间验收，先由承包人进行自检，确认合格后再向监理人提交中期交工证书，请求监理人予以检查、确认。监理人按合同文件要求，根据施工图纸及有关文件、规范、标准等，从产品外观、几何尺寸及内在质量等方面进行审核验收。

在项目完成后，施工单位在竣工自检合格后，向监理人提交竣工验收所需文件资料、竣工图纸，并提出竣工验收申请。监理人在收到竣工验收申请后，应认真审查承包人提交的竣工验收文件资料的完整性及准确性，同时根据提交的竣工图，与已完工程有关技术文件对照进行核查。另外，监理人须参与拟验收工程项目的现场初验，如有问题须指令施工单位处理。当拟验收项目初验合格后，上报项目法人，并组织项目法人、承包人、设计单位和政府质量监督部门正式竣工验收，并进行质量等级评定工作。

（三）保修期阶段的质量控制

1.对工程质量的检查分析

监理机构对发现的质量问题进行归类，并及时将有关内容通知施工单位加以解决。

2.对工程质量问题责任进行鉴定

在保修期间，监理机构对工程遗留的质量问题，认真查对设计资料和有关竣工验收资料，根据下列几点分清责任：

（1）凡是施工单位未按有关规范、标准或合同、协议、设计要求施工，造成的质量问题由施工单位负责。

（2）凡是由于设计原因造成的质量问题，施工单位不承担责任。

（3）凡是因材料或构件的质量不合格造成的质量问题，属施工单位采购的，由施工单位负责；属建设单位采购的，当施工单位提出异议而建设单位坚持的，施工单位不承担责任。

（4）因干旱、洪水等自然灾害造成的事故，施工单位不承担责任。

（5）在保修期内，不论哪一方的承担责任，施工单位均有义务进行修补。

3.对修补缺陷的项目进行检查

监理工程师要像控制正常工程一样，及时对修补项目按照规范、标准、合同设计文件等进行检查，抓好每一个质量环节的质量控制。

三、水土保持工程质量事故的处理

在水土保持工程建设的过程中，造成工程质量事故的原因多种多样，大致可以归纳为以下几个方面：①违反建设程序与管理制度；②外业调查勘测或基础处理失误，导致相应配置的治理措施不合理；③设计方案和设计计算失误；④使用材料以及构件不合格；⑤施工与管理失控。

（一）工程质量事故的分类

目前水土保持工程尚无专门的质量事故分类标准，现以水利工程质量事故分类标准为例，介绍水土保持工程质量事故分类标准。

水利工程按工程质量事故直接经济损失大小，检查、处理事故对工期的影响时间长短和对工程正常使用的影响，分为一般质量事故、较大质量事故、重大质量事故、特大质量事故如表 6-1 所示。

表 6-1 水利工程质量事故分类标准

损失情况		特大质量事故	重大质量事故	较大质量事故	一般质量事故
事故处理所需物资、设备、人工等直接损失费用/万元	大体积混凝土、金属结构制作和机电安装工程	>3000	>500，≤3000	>100，≤500	>20，≤100
	土石方工程、混凝土薄壁工程	>1000	>100，≤1000	>30，≤100	>10，≤30
事故处理所需合理工期/月		>6	>3，≤6	>1，≤3	≤1
事故处理对工程功能和寿命的影响		影响工程正常使用，需限制运行	不影响工程正常使用，但对工程寿命有较大影响	不影响工程正常使用，但对工程寿命有一定影响	不影响正常使用和工程寿命

注：1.直接经济损失费用为必要条件，其余两项主要适用于大中型工程。

2.不构成一般质量事故的问题称为质量缺陷。

（二）工程质量事故处理程序与处理方法

1.通知承包商

监理工程师一旦发现工程中出现质量事故，首先要以质量通知单的形式通知承包商，并要求承包商停止有质量缺陷的部位及与其有关联部位的下道工序的施工。

2.承包商报告质量事故的情况

接到质量通知单后，承包商应详细报告质量事故的情况，提出修补缺陷的具体方案、保证质量的技术措施。

3.进行调查和研究

质量事故的处理，对工程质量、工期和费用均有直接的影响。因此，监理工程师在对质量事故作出处理决定时，应进行认真的调查和研究。

4.质量事故的处理

监理工程师对质量事故的处理，一般有以下三种：

（1）不需进行处理。当出现轻微的质量缺陷，不影响结构安全、生产工艺和使用要求，并通过后续工序可以弥补的情况下，监理工程师常作出不需进行处理的决定；或在检验中出现的质量问题，经论证后不需进行处理；或对出现的事故，经复核验算，仍能满足设计要求的情况，也可不作处理。

（2）修补处理。监理工程师对某些虽然未达到规范规定的标准，存在一定的缺陷，但经过修补后还可以达到规范要求的标准，同时又不影响使用功能和外观的质量问题，可以作出修补处理的决定。

（3）返工处理。凡是工程质量未达到合同规定的标准，有明显和严重的质量问题，又无法通过修补来纠正所产生的缺陷，监理工程师应作出返工处理的决定。

四、水土保持工程工程质量评定与验收

（一）工程质量评定

1.质量评定的依据

（1）国家、行业有关施工技术标准。

（2）经批准的设计文件、施工图纸、设计变更通知书、厂家提供的说明书及有关技术文件。

（3）工程承包合同中采用的技术标准。

（4）工程试运行期的试验及观测分析成果。

（5）原材料和中间产品的质量检验证明或出厂合格证、监理工程师核定。

2.质量评定的组织与管理

（1）单位工程质量应由施工单位质检部门组织自评、监理工程师核定。

（2）重要隐蔽工程及工程的关键部位的质量应在施工单位自评合格后，由监理单位复核，建设单位核定。

（3）分部工程质量评定应在施工单位自评的基础上，由建设单位、监理单位复核，报质量监督单位核定。

（4）工程项目的质量等级应由该项目质量监督机构在单位工程质量评定的基础上进行核定。

（5）质量事故处理后应按处理方案的质量要求，重新进行工程质量检测和评定。

3.质量评定

（1）单元工程质量评定。单元工程质量等级可分为合格和优良，其质量等级按下列规定确定。

①全部返工重做的，可重新评定质量等级。

②经加固补强并经鉴定能达到设计要求，其质量只能评为合格。

③经鉴定达不到设计要求，但建设、监理单位认为能基本满足安全和使用功能要求的，可不加固补强；或经加固补强后，改变外形尺寸或造成永久性缺陷的，经建设、监理单位认为基本满足设计要求，其质量等级可按合格处理。

（2）分部工程质量评定。

①合格标准：

a.单元工程的质量全部合格。

b.中间产品质量及原材料全部合格。

②优良标准：

a.单元工程质量全部合格，其中有 50%以上达到优良，主要单元工程、重要隐蔽工程及关键部位的单元工程质量优良，且未发生过质量事故。

b.中间产品质量全部合格。

（3）单位工程质量评定。

①合格标准：

a.分部的质量全部合格。

b.中间产品质量及原材料全部合格。

c.外观质量得分率达到 70%以上。

d.施工质量检验资料基本齐全。

②优良标准：单位工程质量全部合格，其中有 50%以上达到优良。

（4）工程项目质量评定。

①单位工程质量全部合格的工程可评定为合格。

②单位工程质量全部合格，其中有 50%以上的单位工程质量优良，且主要单位工程质量优良，可评为优良。

（二）工程验收

工程验收是在工程质量评定的基础上，依据一个既定的验收标准，采取一定的手段，来检验工程产品的特性是否满足验收标准的工程。对水土保持工程来讲，水土保持生态工程和开发建设项目水土保持工程验收各有不同的要求。

1.工程验收的依据与目的

（1）工程验收的依据：

①合同条款。

②批准的设计文件和设计图纸。

③批准的工程变更和相应的文件。

④引用的各种规程规范和标准。

⑤项目实施计划和年度实施计划。

（2）工程验收的目的：

①检查工程施工是否达到批准的设计要求。

②检查工程的设计施工中有何缺陷，如何处理。

③检查工程是否具备使用条件。

④检查设计提出的、为管理所必需的手段是否具备。

⑤及时办理工程交接，发挥工程效益。

⑥总结建设中的经验教训，为管理和技术进步服务。

2.工程验收的一般规定

（1）水土保持生态工程验收

①单项措施验收与阶段验收。单项措施验收是按设计和合同完成治理措施或部分治理任务时进行的验收，如对谷坊、沟头防护工程等进行的验收。春季造林，完成工程整地、苗木定植后进行的验收；秋季针对苗木成活率达到要求后所进行的验收等。阶段验收主要指某一治理阶段结束所进行的验收。一般按照年度实施计划，在每年年终，对当年按实施计划完成的质量任务进行验收，对年度治理成果作出评价。单项措施验收和阶段验收，多以小流域为单元，按照年度实施计划的要求，结合工程特点以及其实施的季节安排等因素。在施工单位自验的基础上，向监理机构提交验收申请。

监理机构在收到验收申请后，经审查符合验收条件，应立即组织有关人员，与施工的负责人一起，按照有关质量要求、测定方法，逐项按图斑、地块具体进行验收。验收的内容包括项目涉及的各项治理措施，如坡耕地治理措施、荒地治理措施、沟壑治理措施、风沙治理措施和小型蓄排引水措施等，完成一项，验收一项。验收的重点是质量和数量，对不符合质量标准的，不予验收；对经过返工达到质量要求的可重新验收，补记其数量。

在验收过程中，监理工程师对验收合格的措施填写验收单，验收单的填写内容保存小流域名称、措施名称、位置（图斑号，所在乡、村等）、数量、质量、实施时间、验收时间等。监理工程师与施工单位负责人分别在验收单上签字。

②竣工验收。竣工验收是指按照计划或合同文件的要求，基本完成施工内容，经自验质量符合要求，具备投产和运行条件，可以正式办理工程移交前进行的一次全面验收。

施工单位按照合同的要求全面完成各项治理任务，经自验认为质量和数量均达到合同和设计要求，各项治理措施经过汛期暴雨的考验基本完好，造林、种草的成活率、保存率符合规定要求，资料齐全，可向项目建设的单位（监理机构）提出《竣工验收申请》。同时，提供有关资料。

综合治理资料包括：①水土保持综合治理竣工总结报告；②以小流域为单元的竣工验收图、验收表；③项目实施组织机构及人员组成名单，包括行政负责人和技术人员；④单项措施验收和阶段验收记录及相关资料；⑤工程量检查核实单；⑥有关水土保持综合治理措施实施的合同、协议等；⑦材料治理检验资料及工程质量事故处理资料；⑧有关规范规定的其他资料。

骨干坝资料包括：①工程竣工报告；②竣工图纸及竣工项目清单；③竣工决算及经济效益分析、投资分析；④施工记录和质量检验记录；⑤阶段验收和单项工程验收鉴定书；⑥工程施工合同；⑦工程建设大事记和主要会议记录；⑧全部工程设计文件及设计变更以及有关批准文件；⑨有关迁建赔偿协议和批准文件；⑩工程质量事故处理资料；⑪工程使用管护制度等其他有关文件、资料。

监理机构在接到施工单位的竣工验收资料后，应组织对资料进行详细审查，要求所提供的资料不得擅自修改或补做，必须如实反映综合治理的实际情况。审查时按照有关标准、规范的要求，结合项目实施计划、前阶段验收资料和工程核实单，对竣工图、表、报告与设计图、表、报告等对照检查，做到资料齐全。

（2）开发建设项目水土保持工程验收

①自查初验。自查初验是指建设单位或其委托监理单位在水土保持设施建设过程中

组织开展的水土保持设施验收,其主要包括分部工程的自查初验和单位工程的自查初验,它是行政验收的基础。

②技术评估。技术评估是指建设单位委托的水土保持设施验收技术评估机构对建设项目中的水土保持设施的数量、质量、进度及水土保持效果进行的全面评估。

③行政验收。行政验收是指由水行政主管部门在水土保持设施检测后主持开展的水土保持设施验收,它是主体工程验收前的专项验收。

行政验收的程序如下:

a.审查建设的单位提交的验收申请材料,受理验收申请。

b.听取技术评估机构的技术评估汇报,确定行政验收时间。

c.召开预备会议,听取建设单位有关验收准备情况汇报,确定验收组成成员名单。

d.现场检查水土保持设施及其运行情况。

e.查阅有关资料。

f.按规定程序召开验收会议形成验收意见。

第二节　水土保持工程投资控制

一、水土保持工程投资与投资控制

(一) 投资的概念

一般是指经济主体为获取经济效益而垫付货币资金或其他资源用于某些事业的经济活动工程。投资属于商品经济的范畴。投资活动作为一种经济活动,是随着社会化生产的产生、社会经济和生产力的发展而逐渐产生和发展的。

（二）投资控制

投资控制是工程建设项目管理的重要组成部分，是指在建设项目的投资决策阶段、设计阶段、施工招标阶段、施工阶段，采取有效措施，把建设项目实际投资控制在原计划目标内，并随时纠正发生的偏差，以保证投资管理目标的实现，从而在项目建设中能合理使用人力、物力、财力，实现投资最佳经济效益。投资控制主要体现在投资控制机构及人员对工程造价的管理。

投资控制管理就是要在保证工期和质量满足要求的情况下，采取相应管理措施，包括组织措施、经济措施、技术措施、合同措施，把成本控制在计划范围内，并最大限度地节约成本。

（三）水土保持工程投资控制的内容

1.前期工作阶段的投资控制

通过对水土保持工程项目在技术、经济和施工上是否可行进行全面分析、论证和方案比较，确定项目的投资估算数。它是建设项目设计概算的编制依据。

2.设计阶段的投资控制

通过工程初步设计确定建设项目的设计概算，设计概算是计划投资的控制标准，原则上不得突破。

3.施工准备阶段的投资控制

编制招标标底或审查标底，对投标单位的财务能力进行审查，确定标价合理的中标人。

4.施工阶段的投资控制

通过施工过程中对工程费用的监测，确定水土保持工程建设项目的实际投资额。其不超过项目的计划投资额，并在实施过程中进行费用动态管理控制。

5.项目竣工后的投资分析

通过项目决算，进行投资回收分析，评价项目投资效果。

二、水土保持工程投资控制的任务、内容与方法

（一）水土保持工程规划设计阶段投资控制

1.设计招标

将设计招标方式引入设计阶段，最重要的是得到优化的设计方案。设计招标的方式可以采取一次性总招标，也可以划分单项、专业招标。其招标的内容一般是可行性研究阶段的设计方案，初步设计可以由可行性研究设计方案中标的设计单位来做。施工图设计则可以由设计单位承担，也可以由施工单位承担。

2.设计竞赛

设计竞赛是建设项目设计阶段控制投资的有效方法之一，其对降低工程费用、缩短项目工期起到了重要作用。

设计竞赛又称为设计方案竞赛。通过竞赛，选取优秀设计方案。设计竞赛只宣布竞赛名次，前几名的方案可请人加以综合汇总，吸收各方案的优点，做出新的设计方案。作为监理工程师，如能在设计方案上为建设单位提供合理化建议，使建设单位得到满意的设计方案，又降低费用，对后面的监理工作是非常有利的。

3.标准设计

标准设计是指按国家规定的现行标准规范，对各种建筑、结构和构配件等编制的具有重复作用性质的整套技术文件，经主管部门审查、批准后颁发的全国、部门或地方通用的设计。标准设计是水土保持工程建设标准化的一个重要内容，也是国家标准化的一个组成部分。

4.限额设计

（1）限额设计的基本原理。限额设计是按照批准的可行性研究投资估算，控制初步设计，按照批准的初步设计总概算控制施工图设计。同时，各专业在保证达到使用功能的前提下，按分配的投资限额控制设计，并严格控制设计的不合理变更，保证不突破总投资限额的水土保持工程设计过程。

（2）限额设计的控制内容：

①建设项目从可行性研究开始，建立限额设计观念，合理、准确地确定投资估算，这是核算项目总投资额的依据。获得批准后的投资估算，也是下一阶段进行限额设计及控制投资的重要依据。

②初步设计应该按核准后的投资估算限额，严格按照施工规划和施工组织设计，按照合同文件要求进行，并要切实、合理地选定费用指标和经济指标，正确地确定设计概算。经审核批准后的设计概算限额，便是下一步施工详图设计控制投资的依据。

③施工图设计是设计单位的最终产品，必须严格地按初步设计确定的原则、范围、内容和投资额进行设计，即按设计概算限额进行施工图设计。但由于初步设计受外部条件影响，施工图设计与以后的实际施工产生局部变更和修改，合理地修改、变更是正常的，关键是要进行核算和调整，来控制施工图设计不超出设计概算限额。对于概算，并以批准的修改初步设计概算作为施工图设计的投资控制额。

④加强设计变更的管理工作，对确实可能发生的变更，应尽量提前实现，以减小损失。对影响工程造价的重大设计变更，要用先算账后变更的办法解决。这样才能保证设计不突破限额。

⑤对设计单位实行限额设计，若因设计单位的设计导致投资超支的，应给予处罚；若节约投资，应给予奖励。

5.价值工程

价值工程又称价值分析，是运用集体智慧和有组织的活动，着重对产品进行功能分析，使其以最低的总成本，可靠地实现产品的必要功能，从而提高产品价值的一套科学的技术经济分析方法。价值工程是研究产品功能和成本之间关系问题的管理技术。功能属于技术指标，成本则属于经济指标。因此要从技术和经济两方面来提高产品的经济效益。

6.设计概算的编制

（1）设计概算的内容

①水土保持工程建设项目设计概算的内容。设计概算是初步设计概算的简称，是指在初步设计或扩大初步设计阶段，由设计单位根据初步设计图纸、定额、指标、其他工程费用定额等，对工程投资进行概略计算。这是初步设计文件的重要组成部分，是确定工程设计阶段投资的依据。经过批准的设计概算是控制工程建设投资的最高限额。

水土保持工程建设项目总概算是确定整个建设项目从筹建到竣工验收所需全部费用的文件。

②水土保持工程建设项目设计概算的作用：

a.水土保持工程建设项目设计概算是确定建设项目、各单项工程及各单位工程投资的依据。

b.水土保持工程建设项目设计概算是编制投资计划的依据。

c.水土保持工程建设项目设计概算是进行拨款的依据。

d.水土保持工程建设项目设计概算是实行投资包干的依据。

e.水土保持工程建设项目设计概算是考核设计方案的经济合理性和控制施工图预算的依据。

f.水土保持工程建设项目设计概算是进行各种施工准备、设备供应指标、加工订货及落实各项技术经济责任制的依据。

g.水土保持工程建设项目设计概算是控制项目投资、考核建设成本、提高项目实施阶段工程管理和经济核算水平的必要手段。

（2）设计概算的编制程序

①了解工程情况和深入调查研究。

②编写工作大纲。

③编制基础价格。

④编制工程措施、植物措施（生态工程称林草措施）、临时工程或封育治理措施单价和调差系数。

⑤编制材料、施工机械台班费、措施单价汇总表。

⑥编制工程措施、植物措施（林草措施）、施工临时工程或封育治理措施、独立费用概算。

⑦编制年度投资计划。

⑧编制总概算和编写说明。

⑨打印整理资料。

⑩审查修改和资料归档。

（3）设计概算的编制方法

①确定编制原则与编制依据。

②确定计算基础价格的基本条件与参数。

③确定编制概算单价采用的定额、标准和有关数据。

④明确各专业相互提供资料的内容、深度要求。

⑤落实编制进度及提交最后成果的时间。

⑥编制人员分工安排和提出计划工程量。

7.设计概算的审查

（1）设计概算审查的意义

①有利于合理分配投资资金和加强投资计划管理，有助于合理确定和有效控制工程造价。

②有利于促进概算编制单位严格执行国家有关概算编制规定和费用标准，从而提高概算的编制质量。

③有利于促进设计的技术先进性与经济合理性。

④有利于核定建设项目的投资规模，可以使建设项目总投资力求做到完整、准确。

⑤经审查的概算，有利于为建设项目投资的落实提供可靠依据。

（2）设计概算审查的内容。

①审查设计概算的编制依据：

a.审查编制依据的合法性。

b.审查编制依据的时效性。

c.审查编制依据的适用范围。

②审查概算编制：

a.审查编制说明。

b.审查概算编制完整性。

c.审查概算编制范围。

③审查工程概算内容：

a.审查工程措施费用。

b.审查植物措施费用。

c.审查施工临时工程费用。

d.审查独立费用。

（二）招投标阶段投资控制

1.合同价格

在工程招标过程中，经过投标、开标、议标和决标，根据投标人报送的投标函资料，就标价、工期、工程质量等条件综合评价分析，最后选中中标人。双方签订工程施工合同，此时双方认可的工程承包价格，即为合同价格。

2.合同价格的形式

根据合同支付方式的不同，合同价的形式一般分为总价合同、单价合同和成本加酬金合同。

在工程招标前，监理工程师必须理解和懂得各种类型合同的计价方法，弄清它们的优缺点和使用时机，并协助建设单位根据工程实际情况，认真研究并确定采用合同价的形式和发包策略。这对水土保持工程建设项目的顺利招标及有效管理是非常必要的。

①总价合同。总价合同是指支付给承包方的款项在合同中有一个"规定的金额"，即总价。它是以图纸和工程说明书为依据，经双方商定做出的。

②单价合同。单价合同是指工程量变化幅度在合同规定范围之内，招标、投标者按双方认可的工程单价，进行工程结算的承包合同。

③成本加酬金合同。

（三）施工阶段投资控制

1.资金使用计划的编制

施工阶段编制资金使用计划的目的是更好地做好投资控制工作，使资金筹措、资金使用等工作有计划、有组织地协调运作，监理工程师应于施工前做好资金使用计划。

（1）资金使用计划编制的目的

①资金使用计划是监理工程师审核施工单位施工进度计划、现金流计划的依据。

②资金使用计划是项目筹措资金的依据。

③资金使用计划是项目检查、分析实际投资值和计划投资值偏差的依据。

④资金使用计划是监理工程师审核施工单位施工进度款申请的参考依据。

（2）资金使用计划的编制要点

①项目分解和项目编码。要编制资金使用计划，首先要进行项目分解。为了在施工中便于比较项目的计划投资和实际投资，故要求资金使用计划中的项目划分与招标文件中的项目划分一致，然后再分项列出由建设单位直接支出的项目，编制资金使用计划项目划分表。

当前，我国建设项目编码没有统一格式。因此，编码时，可针对不同具体工程拟定合适的编码系统。

②按时间进行编制资金使用计划。在项目划分表的基础上，结合施工单位的投标报价，项目建设单位支出的预算、施工进度计划等，逐时段统计需要投入的资金，即可得到项目资金使用计划。

③审批施工单位呈报的现金流通量估算。按规定，在中标函签发日之后，在规定时间内，施工单位应按季度向监理工程师提交现金流通量估算，施工单位根据合同有权得到全部支付的详细现金流通量估算。监理工程师审批施工单位的现金流通量估算。

监理工程师审查施工单位提交的预期支付现金流通量估算，应力求使施工单位的资金运作过程合理，使费用控制良好。

2.工程计量与计价控制

在水土保持工程施工过程中，施工单位工程量的测量和计算称为工程计量，简称计量。

（1）计量原则。计量项目必须是计划中规定的项目，确属完工或正在施工项目的已完成部分。项目质量应达到规定的技术标准，申报资料和验收手续齐全。计量结果必须得到监理工程师和施工单位双方确认。监理工程师在计量控制上具有权威性。

（2）计量工作内容。在水土保持工程建设项目施工阶段所做的计量工作，以已批准的规划、可行性研究和初步设计，以及有关部门下达的年度实施计划为依据。

a.水土保持生态工程计量主要包括：淤地坝、梯田工程计量，植物措施计量，小型水利水保工程措施计量。

b.开发建设项目水土保持工程计量主要包括：拦挡工程计量，斜坡防护工程计量，土地整治工程计量，防护排水工程计量，产流拦蓄工程计量，固沙工程计量。

（3）计量方式。计量方式有由监理工程师独立计量、由施工单位计量，监理工程师审核确认，以及监理工程师与施工单位联合计量三种方式。实际工作中，通常采用后两种方式。

（4）计量方法。水土保持工程建设项目一般按季度报账。首先施工单位每季度提供工程量自验资料和施工进度图。监理工程师现场按规定的比例抽查审核，确定实际完成工作量。

3.工程款的支付

（1）支付条件

①经监理工程师签发确认质量合格的工程项目。

②由监理工程师变更通知的变更项目。

③符合计划文件的规定。

④施工单位的工程活动使监理工程师满意。

（2）预付款支付。水土保持工程建设项目批准实施后，有关部门为了使工程顺利进展，需要以预付款的形式支付给施工单位一部分资金，帮助施工单位尽快开始正常施工。预付款一般为已批准的年度计划的30%。

（3）中期付款。水土保持工程建设项目一般采用季度付款的方式，根据监理工程师核定的工程量和有关定额计算应支付的金额，由总监理工程师签发支付凭证，申请支付资金。

（4）年终决算。年终决算是在第四季度根据全年完成的工程量，结合有关部门下达的全年投资计划和已确认的季度支付，核定施工单位全年完成的总投资，将未付部分支付给施工单位。

（5）最终结算。水土保持建设项目完工后，有关部门组织验收。验收合格后，进行财务决算，建设单位将剩余款项拨付给施工单位。

4.变更费用控制

（1）施工承包合同变更。施工合同变更是承包合同成立后，在尚未履行或尚未完全履行时，当事人双方依法经过协商，对合同进行修订或调整所达成的协议。

（2）工程变更费用调整的原则

①采用工程量清单的单价和价格。采用合同中工程量清单的单价或价格有以下几种情况：一是直接套用；二是间接套用，即依据工程量清单，通过换算后采用；三是部分

183

套用，即依据工程量清单，取其价格中的某一部分使用。

②协商单价和价格。协商单价和价格是基于合同中没有，或者有但不适合的情况而采用的一种方法。

5.索赔控制

索赔时工程承包合同履行中，当事人具有因对方不履行或不完全履行既定的义务，或者由于对方的行为使权利人受损时，要求对方补偿损失的权利。

（1）施工单位向建设单位索赔

①不可预见的自然地质条件变化与非自然物质条件变化引起的索赔。

②工程变更引起的费用索赔。

③工期延长引起的费用索赔。

④加速施工引起的费用索赔。

⑤由于建设单位原因终止工程合同引起的索赔。

⑥物价上涨引起的索赔。

⑦建设单位拖延支付工程款引起的索赔。

⑧法律、货币及汇率变化引起的索赔。

⑨建设单位风险引起的索赔。

⑩不可抗力引起的索赔。

（2）建设单位向施工单位索赔

①对拖延竣工期限的索赔。

②由于施工质量的缺陷引起的索赔。

③对施工单位未履行的保险费用的索赔。

④建设单位合理终止合同或施工单位不合理放弃工程的索赔。

（3）索赔费用的构成

①人工费。

②材料费。

③施工机械使用费。

④低值易耗品消耗费。

⑤现场管理费。

⑥利息。

⑦总部管理费。

⑧利润。

（4）索赔费用的计算

①实际费用法。实际费用法是指索赔计算时最常用的一种方法。这种方法的计算原则是以承包商为某项索赔工作所支付的实际开支为依据。其计算式为：

索赔金额=索赔事项直接费+间接费+利润

②总费用法。总费用法即总成本法，就是当发生多次索赔事件后，重新计算该工程的实际费用。其计算式为：

索赔金额=实际总费用－投标报价估算总费用

③修正的总费用法。修正总费用法是对总费用法的改进，即在实际总费用内扣除一些不合理的因素。其计算公式为：

索赔金额=某项工作调整后的实际总费用－该项工作的报价费用

（四）竣工验收阶段投资控制

1.竣工决算

（1）竣工决算的内容

竣工决算，包括从筹建开始到竣工投产交付使用为止的全部建设费用。

（2）竣工决算报告编制的依据

①经项目主管部门批准的设计文件、工程概（预）算和修正概算。

②经上级计划部门下达的历年基本建设投资计划。

③经上级财务主管部门批准的历年年度基本建设财务决算报告。

④招投标合同及有关文件和投资包干协议及有关文件。

⑤历年有关财务、物资、劳动工资、统计等文件资料。

⑥与工程质量检验、鉴定有关的文件资料等。

（3）竣工决算报告编制的要求

①必须按规定的格式和内容进行编制，应如实填列经核实的有关表格数据。

②水土保持工程建设项目经项目竣工验收机构验收签证后的竣工决算报告，方可作

为财产移交、投资核销、财务处理、合同终止并结束建设事宜的依据。

③水土保持工程建设项目竣工决算报告是工程项目竣工验收的重要文件。基本建设项目完工后，在竣工验收之前，应该及时办理竣工决算。

④水土保持工程建设项目按审批权限，投资不超过批准概算并符合历年所批准的财务决算数据的竣工决算报告，由项目主管部门进行审核。

2.项目后评价

（1）项目后评价的意义

①有利于项目更好地发挥预期作用，产生更大的社会、经济、生态效益。

②有利于提高项目的投资决策水平。

③有利于提高项目建设实施的管理水平。

（2）项目后评价的内容

①影响评价。

②成本—效益（效果）评价。

③过程评价。

④持续性评价。

（3）项目后评价的程序

①提出问题。

②筹划准备。

③深入调查，收集资料。

④分析研究。

⑤编制项目后评价报告。

第三节 水土保持工程进度管理

一、进度控制

进度控制是建设监理中投资、进度、质量三大控制目标之一。工程进度失控，必然导致人力、物力、财力的浪费，甚至可能影响工程质量与安全。拖延工期后赶进度，引起费用的增加，工程质量也容易出现问题，特别是植物措施受季节制约，如赶不上工期，错过有利的施工机会，将会造成重大的损失；若工期大幅拖延，便不能发挥应有的效益。开发建设项目水土保持工程要受主体工程的制约，若盲目地加快工程进度，也会增加大量的非生产性技术支出。投资、进度、质量三者是相辅相成的统一体，只有将工程进度与资金投入和质量要求协调起来，才能取得良好的效果。

（一）基本概念

1.建设工期

建设工期是指建设项目从正式开工到全部建成投产或交付使用所经历的时间。建设工期一般按月或天计算，并在总进度计划中明确建设的起止日期。建设工期分为工程准备阶段、工程主体阶段和工程完工阶段。

2.合同工期

合同工期是指合同中确定的工期。合同工期按开工通知、开工日期、完工日期和保修期等合同条款确定。

3.建设项目进度计划

建设项目进度计划体现了项目实施的整体性、全局性和经济性，它是项目实施的纲领性计划安排。建设项目进度计划确定了工程建设的工作项目、工作进度以及完成任务所需的资金、人力、材料和设备等资源的安排。

4.进度控制

进度控制是指在水土保持工程实施过程中，监理机构运用各种手段和方法，依据合同文件赋予的权利，监督、管理建设项目施工单位（或设计单位），采用先进合理的施工方案和组织、管理措施，在确保工程质量、安全和投资的前提下，通过对各建设阶段的工作内容、工作程序、持续时间和衔接关系编制计划，进行动态控制，对实际进度与计划进度出现的偏差及时进行纠正，并控制整个计划实施；按照合同规定的项目建设期限加上监理机构批准的工程延期时间，以及预定的计划目标去完成项目。

（二）进度控制分类

根据划分依据的不同，可将进度控制分为不同的类型，如按照控制措施制定为出发点，可分为主动控制和被动控制；按照控制措施作用于控制对象的时间，可分为事前控制、事中控制和事后控制；按照控制信息的来源，可分为前馈控制和反馈控制；按照控制过程是否形成闭合回路，可分为开环控制和闭环控制。

控制类型的划分是人为的（主观的），是根据不同的分析目的而选择的，而控制措施本身是客观的。因此，同一控制措施可以表述为不同的控制类型。下面简要介绍主动控制与被动控制。

1.主动控制

所谓主动控制，是在预先分析各种风险因素及其导致目标偏离的可能性和程度的基础上，制定和采取有针对性的预防措施，从而减少乃至避免进度偏离。

主动控制也可以表述为其他不同的控制类型。主动控制是一种事前控制，它必须在计划实施之前就采取控制措施，以降低进度偏离的可能性或其后果的严重程度，起到防患于未然的作用。主动控制是一种前馈控制，通常是一种开环控制，是一种面对未来的控制。

2.被动控制

所谓被动控制，是从计划的实际输出中发现偏差，通过对产生偏差原因的分析，研究制定纠偏措施，使偏差得以修正，工程实施恢复到原来的计划状态；或虽然不能恢复到计划状态但可以减少偏差的严重程度。

被动控制是一种事中控制和事后控制，是一种反馈控制，是一种闭环控制，是一种面对现实的控制。

3.主动控制与被动控制的关系

在工程实施过程中，如果仅仅采取被动控制措施，是难以实现预定的目标的。但是，仅仅采取主动控制措施是不现实的，或者说是不可能的。这表明，是否采取主动控制措施以及究竟采取什么主动控制措施，应在对风险因素进行定量分析的基础上，通过技术经济分析和比较来决定。在某些情况下，被动控制反倒可能是较佳的选择。因此，对于建设工程进度控制来说，主动控制和被动控制两者缺一不可，都是实现建设工程进度所必须采取的控制方式。因此，主动控制与被动控制应紧密结合。要做到主动控制与被动控制相结合，关键要处理好以下两方面问题：

（1）要扩大信息来源，即不仅要从本工程获得实施情况的信息，而且要从外部环境获得有关信息，包括已建同类工程的有关信息。这样才能对风险因素进行定量分析，使纠偏措施有针对性。

（2）要把握好输入这个环节，就要输入两类纠偏措施，不仅有纠正已经发生的偏差的措施，而且有预防和纠正可能发生的偏差的措施。这样才能取得较好的控制效果。

需要说明的是，虽然在建设工程实施过程中仅仅采取主动控制是不可能的，有时是不经济的，但不能因此而否定主动控制的重要性。实际上，牢固树立主动控制的思想，认真研究并制定主动控制措施，尤其要重视那些基本上不需要耗费资金和时间的主动控制措施，如组织、经济、合同方面的措施，并力求加大主动控制在控制过程中的比例。

（三）水土保持工程进度控制的特殊性

1.施工的季节性

水土保持工程的施工受季节性影响较大，如造林，宜在苗木休眠期而且土壤含水量较高的季节栽植，一般在春秋季比较好；一旦错过适时施工季节，就会影响造林的成活率。同样，如果种草不能在适时的季节种植，也会影响出苗率。有些工程措施，如淤地坝则要考虑汛期的安全度汛。在我国北方，冻土季节土方不能上坝，混凝土、浆砌石也不能施工；否则，就不能保证工程质量。

2.投资体制多元化

水土保持工程是公益性建设工程。长期以来，水土保持工程投资由中央投资、地方匹配、群众自筹三部分组成。近些年，水土保持工程投资变成了中央投资和地方匹配两部分。水土保持工程大多处于经济较为落后的地区，地方财政比较困难，建设资金难以落实。地方匹配资金往往不能足额保证或及时到位，从而增加了投资控制和工程进度控制的难度。

3.水土保持工程建设的从属性

水土保持工程受主体工程的制约，其进度安排不能与主体工程进度相冲突，施工安排应尽量协调一致，因此工程进度控制难度大。

（四）影响工程进度的主要因素

影响水土保持工程进度的因素很多，主要可概括为以下几个方面：

1.投资主体

目前，水土保持工程的投资主体主要包括国家投资和企业出资两个方面，投资主体、责任主体和受益主体往往不统一。就水土保持工程而言，通过科学规划、统筹安排、合理布设，实现生态环境改善的长远利益和乡村振兴战略相结合，调动地方政府尤其是当地群众治山治水的积极性，是确保水土保持工程进度的根本因素。开发建设项目水土保持工程，则应该以强化企业的社会责任为核心，以落实主体工程与水土保持工程"三同时"制度为重点，协调水土保持工程建设中的地方利益与群众利益，保证水土保持工程建设进度。

2.计划制订

水土保持工程具有很强的综合性，工程分布点多面广，工程类型形式多样，工程规模差异很大，施工队伍参差不一。通过制订切实可行、细致周密的实施计划，科学确定工程的工作目标、工作进度以及完成工程项目所需的资金、人力、材料、设备等，才能实现费省效宏的目标。

在制订计划过程中应注意以下几个方面的特点：一是水土保持工程施工作业面大，水土保持工程大多属于面状和线状工程，作业面跨度很大，与点状工程集中施工调度相比，有明显的不同。二是施工专业类型多，水土保持工程施工涉及水利工程、造林种草、土地整理、地质灾害防治、小型水土保持工程施工等诸多专业，具有综合性、交叉性的特点，因此要求设计、监理、施工企业技术人员，熟练掌握各相关专业的知识。三是人力、物力和资金调度不同：水土保持工程施工人员大多属于专业施工队临时聘用的当地农民，加之工程项目分散分布，劳动力的组织、调度较为困难；在资金的计划调度使用上，水土保持工程的建设资金往往到位较晚，先期组织施工需大量的启动资金和预付资金，在制订计划时，也应予以充分考虑。

3.合同管理

实行水土保持工程建设招标投标制，签订责、权、利对等统一，公正、合法、明晰、操作性强的项目建设合同，并避免合同履行中出现歧义，减少争议和调解，是保证工程按期顺利实施的重要条件。

4.生产力

组织项目实施的劳动力、劳动材料、机械设备、资金、管理等生产力要素，都会对水土保持工程建设产生直接影响，各生产力要素之间的不同配置，会产生不同的实施效果。

人是生产力要素中具有能动作用的因素。人员素质、工作技能、人员数量、工作效率、分工与协助安排、人员的职业道德与责任心等都对施工进度有重大影响。

从一定程度上讲，工艺技术和设备水平决定着施工效率，所以先进的工艺和设备是施工进度的重要保证。

材料也是一个不可忽视的因素。只有按时供应合格的材料，才能保证现场施工不出现停工、窝工现象。另外，材料不同，对工艺技术、施工条件的要求也不同，对施工进度影响很大。

资金是施工进度顺利进行的基本保证。资金不能按时足额到位，其他生产力要素也就无法正常投入。因此，保证资金投入，合理安排和使用资金，对工程建设进度具有决定性的影响。

5.项目建设自然环境

任何项目的建设都要受当地气象、水文、地质等自然因素的影响。要保证水土保工程的顺利实施，就要合理制订项目进度计划，抓住有利时机，避开不利的自然环境因素。例如，治沟骨干坝工程应在汛期之前达到防汛坝高，冬季封冻以后不能进行土坝施工；水土保持造林、种草措施要避开干旱时节，在春秋两季进行，如果春季非常干旱，秋季也可进行造林种草；小型蓄水保土工程应安排在农闲时节，以免与农事活动相冲突。因此，为保证水土保持工程建设的进度，要充分考虑这些多变因素，制定应急方案和替代方案，及时调整进度安排，将不利环境因素减小到最低程度。

二、进度控制理论

（一）进度控制的措施和任务

1.进度控制的措施

进度控制的措施应包括组织措施、技术措施、经济措施及合同措施。

（1）组织措施

进度控制的组织措施主要包括以下内容：

①建立进度控制目标体系，明确建设工程现场监理组织机构中进度控制人员及其职责分工。

②建立工程进度报告制度及进度信息沟通网络。

③建立进度计划审核制度和进度计划实施中的检查分析制度。

④建立进度协调会议制度，包括协调会议举行的时间、地点，协调会议的参加人员等。

⑤建立图纸审查、工程变更和设计变更管理制度。

（2）技术措施

进度控制的技术措施主要包括以下内容：

①审查承包商提交的进度计划，确保承包商能在合理的状态下施工。

②编制进度控制工作细则，指导监理人员实施进度控制。

③采用网络计划技术及其他科学适用的计划方法，并结合计算机的应用，对建设工程进度实施动态控制。

（3）经济措施

进度控制的经济措施主要包括以下内容：

①及时办理工程预付款及工程进度款支付手续。

②对应急赶工的给予优厚的赶工费用。

③对工期提前的给予奖励。

④对工程延误的收取误期损失赔偿金。

（4）合同措施

进度控制和合同措施主要包括以下内容：

①对工程实行分段设计、分段发包和分段施工。

②加强合同管理，协调合同工期与进度计划之间的关系，保证合同中进度目标的实现。

③严格控制合同变更，对各方提出的工程变更和设计变更，监理工程师应严格审查后再补入合同文件。

④加强风险管理，在合同中应充分考虑风险因素及其对进度的影响，以及相应的处理方法。

⑤加强索赔管理，公正地处理索赔事件。

2.进度控制的主要任务

（1）设计准备阶段进度控制的任务

①收集有关工期的信息，进行工期目标和进度控制决策。

②编制工程建设总进度计划。

③编制设计准备阶段详细工作计划，并控制其执行。

④进行环境及施工现场条件的调查和分析。

（2）设计阶段进度控制的任务

①编制设计阶段工作计划，并控制其执行。

②编制详细的出图计划，并控制其执行。

（3）施工阶段进度控制的任务

①编制施工总进度计划，并控制其执行。

②编制单位工程施工进度计划，并控制其执行。

③编制工程年、季、月实施计划，并控制其执行。

为了有效地控制建设工程进度，监理工程师要在设计准备阶段向建设单位提供有关工期的信息，协助建设单位确定工期总目标，并进行环境及施工现场条件的调查和分析。在设计阶段和施工阶段，监理工程师不仅要审查设计单位和施工单位提交的进度计划，更要编制监理进度计划，以确保进度控制目标的实现。

（二）进度计划体系

1.进度计划

水利工程必须对进度进行合理的规划并制订相应的计划。进度计划越明确、越具体、越全面，进度控制的效果就越好。

（1）进度计划与进度控制的关系。进度计划需要反复进行多次，这表明进度计划与进度控制的动态性相一致。随着建设工程的进展，要求进度与之相适应，这需要在新的条件和情况下不断深入、细化，并可能需要对前一阶段的进度计划进行必要的修正或调整，真正成为进度控制的依据。由此可见，进度计划与进度控制之间表现出一种交替出现的循环关系。

（2）进度计划的质量。进度控制的效果取决于进度控制的措施是否得力，是否将主动控制与被动控制有机地结合起来，以及采取控制措施的时间是否及时等。但是，进度控制的效果虽然是客观的，但人们对进度控制效果的评价却是主观的，通常是将实际结果与预定的计划进行比较。如果出现较大的偏差，一般认为控制效果较差；反之，则认为控制效果较好。从这个意义上来讲，进度控制的效果在很大程度上取决于进度计划的质量。为此，必须做好以下两方面工作：一是合理确定并分解目标；二是制订可行且优化的计划。

制订计划首先要保证计划的可行性，即保证计划的技术、资源、经济和财务的可行性，还应根据一定的方法和原则力求使计划优化。对计划的优化实际上是作多方案的技术经济分析和比较。计划制订得越明确、越完善，目标控制的效果就越好。

2.组织机构

为了有效地进行进度控制，需要做好以下几方面的组织工作：

（1）设置进度控制机构。

（2）配备合适的进度控制人员。

（3）落实进度控制机构和人员的任务与职能分工。

（4）合理组织目标控制的工作流程和信息流程。

3.进度计划体系

进度计划是进度控制的基础，各参建单位的进度计划共同组成进度计划体系。根据计划编制角度的不同，项目进度计划分为两类：一类是项目建设单位组织编制的总体控制性进度计划；另一类是施工单位编制的实施性施工进度计划。这两种计划在项目实施中的作用有很大差别。工程进度控制计划体系主要包括建设单位的计划系统、监理单位的计划系统、设计单位的计划系统和施工单位的计划系统。

（1）建设单位编制（也可委托监理单位编制）的进度计划包括工程项目前期工作计划、工程项目建设总进度计划和工程项目年度计划。

（2）监理单位编制的进度计划包括监理总进度的计划及其按工程进展阶段、按时间分解的进度计划。

（3）设计单位编制的进度计划包括设计总进度计划、阶段性设计进度计划和设计作业进度计划。

（4）施工单位编制的进度计划包括施工准备工作计划、施工总进度计划、单位工程施工进度计划，以及分部工程进度计划。

（5）施工单位的实施性施工进度计划是由施工单位编制并得到监理人同意的进度计划，对合同双方具有合同效力，它是合同管理的重要文件。经监理单位批准的施工总进度计划（称"合同进度计划"），作为控制本合同工程进度的依据。

（三）进度控制的监理工作程序

1.监理工作程序

水土保持工程建设项目监理工作在项目实施时一般可划分为设计阶段、施工招标阶段、施工阶段和保修阶段。水土保持设计监理目前尚未开展，施工招标一般由建设单位组织或委托有关单位进行。

2.进度计划的编制程序

利用网络计划技术编制建设工程进度计划。其编制程序一般包括 4 个阶段、10 个步骤，见表 6-2。

表 6-2 进度计划的编制程序

编制阶段	编制步骤	编制阶段	编制步骤
计划准备阶段	1.调查研究	计算时间参数及确定关键线路阶段	6.计算工作持续时间
	2.确定网络计划目标		7.计算网络计划时间参数
绘制网络图阶段	3.进行项目分解		8.确定关键线路和关键工作
	4.分析逻辑关系	优化网络计划阶段	9.优化网络计划
	5.绘制网络图		10.编制优化后网络计划

（四）施工阶段进度控制的工作内容

建设工程施工进度控制工作从审核施工进度计划开始，直至建设工程保修期满为止。其工作内容主要如下：

1.签发开工令

监理机构应在专用合同条款规定的期限内，向施工单位发出开工令。施工单位应在接到开工通知后及时调遣人员和调配施工设备、材料进入工地。开工通知具有同效力，其对合同项目开工日期的确定、开始施工具有重要作用。

（1）监理机构应在施工合同约定的期限内，经建设单位同意后向施工单位发出进场通知，要求施工单位按约定及时调遣人员、材料及施工设备进场进行施工准备。进场通知中应明确合同工期起算日期。

（2）监理机构应协助建设单位向施工单位移交施工合同约定的应由建设单位提供的施工用地、道路、测量基准点，以及供水、供电、通信设施等开工的必要条件。

（3）施工单位完成开工准备后，应向监理机构提交开工申请。监理机构在检查建设单位和施工单位的施工准备满足开工条件后，签发开工令。

（4）由于施工单位原因使工程未能按施工合同约定时间开工，监理机构应通知施工单位在约定时间内提交赶工措施报告，并说明延误开工原因。由此增加的费用和工期延误造成的损失由施工单位承担。

（5）由于建设单位的原因使工程未能按施工合同约定的时间开工，监理机构在收到施工单位提出的顺延工期的要求后，应立即与建设单位和施工单位共同研究补救办法，由此增加的费用和工期延误造成的损失由建设单位承担。

监理机构应审批施工单位报送的每一分部开工申请，审核施工单位递交的施工措施计划，检查该分部工程的开工条件，确认后签发分部工程开工通知。

2.审批施工进度计划

施工单位应按施工合同技术条款规定的内容和期限，以及建立单位的指示，编制施工总进度计划报送监理机构审批。监理机构应在《施工合同技术》条款规定的期限内批复施工单位。经监理机构批准的施工总进度计划（又称合同进度计划），作为控制本合同工程进度的依据，并据此编制年、季和月进度计划，报送监理机构审批。监理机构认为有必要时，施工单位应按监理机构指示的内容和期限，并根据合同进度计划的进度控制要求，编制单位工程（或分部工程）进度计划报送监理机构审批。

3.审批施工组织设计和施工措施计划

施工单位应按合同规定的内容和时间要求，编制施工组织设计、施工措施计划和由施工单位负责绘制的施工图纸，报送监理机构审批，并对现场作业和施工方法的完备和可靠负全部责任。

4.劳动力、材料、设备使用监督权和分包单位审核权

监理机构有权深入施工现场监督检查施工单位的劳动力、施工机械、材料等使用情况，并要求施工单位记好施工日志，并在进度报告中反映劳动力、施工机械、材料等使用情况。

对于施工单位提出的分部项目和建设单位，监理机构应严格审核，提出建议，报建设单位审批。

5.施工进度的监督权

不论何种原因导致工程的实际进度与合同进度计划不符时，施工单位应按监理机构的指示在28d内提交一份修订的进度计划报送监理机构审批，监理机构应在收到该进度计划后的28d内批复，经批准的修订进度计划作为合同进度计划的补充文件；不论何种原因造成施工进度计划拖后，施工单位均应按监理机构的指示，采取有效赶工措施。施工单位应在向监理机构报送修订进度计划的同时，编制一份赶工措施报告报送监理机构审批，赶工措施应以保证工程按期完工为前提，调整和修改进度计划。进度计划拖后遵循谁拖后谁负责的原则。

6.下达施工暂停指示和复工通知

监理机构下达施工暂停指示或复工通知，应事先征得建设单位同意。监理机构向施工单位发布暂停工程或部分工程施工的指示，施工单位应按指示的要求立即暂停施工。不论由于何种原因引起的暂停施工，施工单位应在暂停施工期间负责妥善保护工程和提供安全保障。工程暂停施工后，监理机构应与建设单位和施工单位协商采取有效措施积极消除停工带来的影响。当工程具备复工条件时，监理机构应立即向施工单位发出复工通知。施工单位收到复工通知后，应在监理机构指定的期限内复工。

7.施工进度的协调权

监理机构在认为必要时，有权发出命令协调施工进度。这些情况一般包括：各施工单位之间的作业干扰、场地与设施交叉、资源供给与现场施工进度不一致，进度拖延等。但是，这种进度的协调应事先征得建设单位同意。

8.工程变更的建议与变更指示签署权

监理机构在其认为有必要时，可以对工程或其任何部分的形式、质量或数量进行变更，指示施工单位执行。但是，对涉及工期延长、提高造价、影响工程质量等变更。在发出指示前，应事先得到建设单位的批准。

9.工期索赔的核定权

对于施工单位提出的工期索赔，监理机构有权组织核定，如核实索赔事件、审定索赔依据、审查索赔计算与证据材料等。监理机构在从事上述时，作为公正、独立的第三方开展工作，而不是仲裁人。

10.建议撤换施工单位工作人员或更换施工设备

施工单位应对其在工地的人员进行有效管理，使其能做到尽职尽责。监理机构有权要求撤换那些不能胜任本职工作或行为不端或玩忽职守的人员。施工单位应及时撤换。

监理机构一旦发现施工单位的施工设备影响工程进度及质量时，有权要求施工单位增加或更换施工设备，施工单位应及时增加或更换，由此增加的费用和工期延误责任由施工单位承担。

11.完工日期确定

监理机构收到施工单位提交的完工验收申请报告后，应审核其报告的各项内容，并按以下不同情况进行处理：

（1）监理机构审核后发现工程尚有重大缺陷时，可拒绝或推迟完工验收，但监理机构应在收到《完工验收申请报告》后的28d内通知施工单位，指出其在完工验收前应完成的工程缺陷的修复和其他的工作内容和要求，并将《完工验收申请报告》同时退还给施工单位。施工单位应在具备完工验收条件后重新申报。

（2）监理机构审核后对上述报告及报告中所列的工作项目和工作内容有异议时，应在收到报告后的28d内将意见通知施工单位。施工单位应在收到上述通知后的28d内重新提交修改后的《完工验收申请报告》，直至监理机构同意为止。

（3）监理机构审核后认为工程已具备完工验收条件，应在收到《完工验收申请报告》后的28d内提请建设单位进行工程验收。建设单位在收到《完工验收申请报告》后的56d内签署工程移交证书，颁发给施工单位。

（4）在签署移交证书前，应由监理机构与建设单位和施工单位协商核定工程项目的实际完工日期，并在移交证书中写明。

第四节 水土保持工程监理信息管理

一、水土保持工程监理信息管理概述

（一）信息在水土保持工程监理中的作用

1.信息是监理机构实施控制的基础

为了进行比较分析和采取措施来控制水土保持工程投资目标、质量目标和进度目标，监理机构首先应掌握有关项目三大目标的计划值，三大目标是项目控制的主要依据；其次，监理机构还应了解三大目标的执行情况。只有这两个方面的信息充分掌握了，监理机构才能实施控制工作。从控制的角度来看，离开了信息是无法进行的。所以信息是控制的基础。

2.信息是监理决策的依据

水土保持工程监理决策的正确与否，直接影响着项目建设总目标的实现及监理单位、监理工程师的信誉。监理决策正确与否，取决于多种因素，其中最重要的因素之一就是信息。如果没有可靠的、充分的信息作为依据，正确的决策是不可能的。由此可见，信息是监理决策的重要依据。

3.信息是监理机构协调项目建设各方的重要媒介

水土保持工程项建设的过程会涉及众多单位，如项目审批单位、建设单位、设计单位、施工单位、材料设备供应单位、资金提供单位、外围工程单位（水、电、通信等）、毗邻单位、运输单位、保险单位、税收单位等，这些单位对建设目标的实现带来一定的影响。如何才能使这些单位有机地联系起来，关键就是要用信息把它们有机地组织起来，处理好他们之间的联系，协调好它们之间的关系。

（二）建设监理信息分类

水土保持工程监理过程中涉及大量的信息，可以依据不同的标准进行分类，以便于管理和应用。

1.按照建设监理的目的划分

（1）投资控制信息。投资控制信息是指与投资控制直接有关的信息，如各种估算指标、类似工程造价、物价指数、概算定额、预算定额、工程项目投资估算、设计概算、合同价、施工阶段的支付账单、原材料价格、机械设备台班费、人工费、运杂费等。

（2）质量控制信息。例如，国家有关的质量政策及质量标准、项目建设标准、质量目标的分解结果、质量控制工作流程、质量控制的工作制度、质量控制的风险分析、质量抽样检查的数据等。

（3）进度控制信息。如施工定额、项目总进度计划、进度目标分解、进度控制的工作流程、进度控制的工作制度、进度控制的风险分析，某段时间的进度记录等。

2.按照建设监理信息的来源划分

（1）项目内部信息。内部信息取自工程建设本身，如工程概况、设计文件、施工方案、合同结构、合同管理制度、信息资料的编码系统、信息目录表、会议制度、监理机构的组织、项目的投资目标、项目的质量目标、项目的进度目标等。

（2）项目外部信息。来自项目外部环境的信息称为外部信息，如国家有关的政策及法规、国内及国际市场上原材料及设备价格、物价指数、类似工程造价、类似工程进度、投标单位的实力、投标单位的信誉、毗邻单位情况等。

3.按照信息的稳定程度划分

（1）固定信息。固定信息是指在一定时间内相对稳定不变的信息，这类信息又可分为3种：

①标准信息。其主要是指各种定额和标准，如施工定额、原材料消耗定额、生产作业计划标准、设备和工具耗损程度等。

②计划信息。这是反映在计划期内已定任务的各项指标情况。

③查询信息。这是指在一个较长的时期内，很少发生变更的信息，如国家和部委颁发的技术标准、不变价格、监理工作制度、监理工程师的人事卡片等。

（2）流动信息。流动信息是指在不断地变化着的信息，如项目实施阶段的质量、投资及进度的统计信息。这类信息反映在某一时刻项目建设的实际进度及计划完成情况。最后，项目实施阶段的原材料消耗量、机械台班数、人工工日数等，也都属于流动信息。

4.按照信息的层次划分

（1）战略性信息。战略性信息是指有关项目建设过程的战略决策所需的信息，如项目规模、项目投资总额，建设总工期、施工单位的选定、合同价的确定等信息。

（2）策略性信息。策略性信息是提供给建设单位进行中短期决策的信息，如项目年度计划、财务计划等。

（3）业务性信息。业务性信息是指各业务部门的日常信息，如日进度、月支付额等。这类信息较具体，精度要求较高。

5.按照信息的性质划分

（1）生产信息。生产信息是指生产过程中的信息，如施工进度、材料耗用、库存储备。

（2）技术信息。技术信息指的是技术部门提供的信息，如技术规范、设计变更书、施工方案等。

（3）经济信息。经济信息，如项目投资、资金耗用等信息。

（4）资源信息。资源信息，如资料来源、材料供应等信息。

6.按其他标准划分

（1）按照信息范围的大小不同。监理信息可分为精细的信息和摘要的信息两类。精细的信息比较具体详尽，摘要的信息比较概况抽象。

（2）按照信息时间的不同。建设监理信息可分为历史性信息和预测性信息两类。历史性信息是有关过去的信息，预测性信息是有关未来的信息。

（3）按照监理阶段的不同。建设监理信息可分为计划的信息、作业的信息、核算的信息及报告的信息。在监理开始时，要有计划的信息；在监理过程中，要有作业的信息和核算的信息；在某一项监理工作结束时，要有报告的信息。

（4）按照对信息的期待性不同。可以把建立监理信息分为预知的信息和突发的信息两类。预知的信息是监理工程师可以估计的，它发生在正常情况下；突发的信息是监理工程师难以预计的，它发生在特殊情况下。

（三）信息管理

在水土保持工程建设监理工作中，每时每刻都离不开信息。因此，监理信息管理工作的好坏，对监理效果的影响是极为明显的。监理信息管理中心工作是数据处理，它包括对数据收集、记载、分类、排序、储存、计算或加工、传输、制表、递交等工作。信息管理有效的信息资源得到合理和充分的使用，符合及时、准确、适用、经济的要求。

1.监理数据的收集

收集，就是收集原始信息，这是很重要的基础工作。信息管理工作质量的好坏，很大程度上取决于原始资料是否全面和可靠。监理信息分外源与内源，外源信息主要是指各类合同、规范以及设计数据等。这需要在建立信息系统本底数据库时录入。此处主要讨论监理内源信息，即项目实施过程中的现场数据的收集。

监理工程师的监理记录，主要包括工程施工历史记录、工程质量记录、工程计量和工程付款记录、竣工记录等内容。

（1）工程施工历史记录

①现场监理员的日报表。

②现场每日的天气、水情记录。

③工地日记。

④驻施工现场监理负责人日记。

⑤驻施工现场监理负责人周报。

⑥驻施工现场监理负责人月报。

⑦驻施工现场监理负责人对施工单位的指示。

⑧驻施工现场监理负责人给施工单位的补充图纸。

（2）工程质量记录

工程质量记录可分为试验记录和质量评定记录两种。

①试验结果记录。

②试验样本记录。

③质量检查评定记录。

（3）会议记录

工地会议是一种重要的监理工作方法，会议中包含着大量的监理信息，这就要求监理机构必须重视工地会议记录，并建立一套完善的制度，以便于会议信息的收集。

2.监理信息的加工

原始数据收集后，需要将其进行加工以使它成为有用的信息。一般的加工操作主要有：①依据一定的标准将数据进行排序或分组；②将两个或多个简单有序数据集按一定顺序连接、合并；③按照不同的目的计算求和或求平均值等；④为快速查找监理索引或目录文件等。

3.信息的存储

经过加工的数据需要保存，即信息的存储。信息存储与原始数据存储是有区别的。信息存储要强调为什么要存储这些信息，存在什么介质上，存储多少时候等；也就是说要解决存储的目的及其对监理的作用。存储牵涉到的问题很多，如数据库的设计等。

4.信息的维护

信息的维护是指在监理信息管理中要保证信息始终处于适用状态，要求信息经常更新，保持数据的准确性，做好安全保密工作，使数据保持唯一性。另外，还应保证信息存取的方便。

5.信息的使用

信息处理的目的在于使用，只有将其应用于监理工作中。信息的价值才能够得以实现，而经过加工的信息，应用的关键是信息流的畅通。

二、水土保持工程监理信息系统及功能

（一）工程进度控制子系统

进度控制的方法主要是定期收集工程项目实际进度的数据，并与工程项目进度计划进行分析比较。如发现进度实际值与进度计划值有偏差，要及时采取措施，调整工程进度计划，才能确定工程目标实现。

（二）工程质量控制子系统

（1）设计质量控制。设计质量控制包括储存设计文件；核查记录；技术规范、技术方案；计算机进行统计分析；提供有关信息；储存设计文件鉴证记录（包括鉴证项目、鉴证时间、鉴证资料等内容）；提供图纸资料交付情况报告，统计图纸资料按时交付率、合格率等指标；择要登录设计变更文件。

（2）施工质量控制。施工质量控制包括质量检验评定记录；单元工程的检查评定结果及有关质量保证资料，进行数据的校验和统计分析；根据单元工程评定结果和有关质量检验评定标准进行分部工程、单位工程质量评定，为建设主管部门进行质量评定提供参考数据；运用数据统计方法对重点工序和重要质量指标的数据进行统计分析，绘制直方图、控制图等管理图表；根据质量控制的不同要求提供各种报表。

（3）材料质量跟踪。材料质量跟踪是对主要的建筑材料、成品、半成品及构件进行跟踪管理，处理信息包括材料入库或到货验收记录、材料分配记录、施工现场材料验收记录等。

（4）设备质量管理。设备质量管理是指对大型设备及其安装调试的质量管理。大型设备的供应有订购和委托外系统加工两种方式。订购设备的质量管理包括开箱检验、安装调试、试运行三个环节；委托外系统加工的设备还包括设计控制、设备监造等环节，计算机储存各环节的记录信息，并提供有关报表。

（5）工程事故处理。工程事故处理包括储存重大工程事故的报告，登录一般事故报告摘要，提供多种工程事故统计分析报告。

（6）质量监督活动档案。质量监督活动档案包括记录质量监督人员的一些基本情况，如职务、职责等；根据单元工程质量检验评定记录等资料进行的统计汇总，提供质量监督人员活动月报等报表。

（三）工程投资控制子系统

投资控制的首要问题是对项目的总投资进行分解。也就是说，将项目的总投资按照项目的构成进行分解。水土保持工程可以分解成若干个单项工程和若干个单位工程，每一个单项工程和单位工程均有投资数额要求。它们的投资数额加在一起构成项目的总投资。在整个控制过程中，要详细掌握每一项投资发生在哪个部位。一旦投资的实际值和计划值发生偏差，就应找出其原因，以便采取措施进行纠偏，使其满足总投资控制的要求。

投资的计划值和实际值的比较主要包括：概算与修正概算、概算与预算、概算与标底、概算与合同价、概算与实际投资、合同价资金使用、资金使用计划与实际资金使用等方面的比较。

（四）合同管理子系统

在施工监理信息管理中，除投资控制、进度控制、质量控制、行政事务管理等信息管理子系统外，要以合同文件为中心。

（五）行政事务管理子系统

行政事务管理是监理工作中不可缺少的一项工作。在监理工作中，应将各类文件分别归类建档，包括政府主管部门、项目法人、施工单位、监理单位等来自各个部门的文件，进行编辑登录整理，并及时进行处理，以便各项工作顺利进行。

三、水土保持工程监理文档管理作用与内容

（一）水土保持工程监理文档管理的作用

水土保持工程建设监理信息管理工作中，文书档案管理也是一个很重要的方面。尽管利用计算机可以使大量信息得以集中存储，并快速得到处理，从而保证监理工作的动态控制得以顺利进行。但是，监理工作中有许多场合需要用到信息、资料的原件，如有关的工程师图纸、监理规划、监理合同以及各类监理报告、日记、工程师指令等原始件。这些文件在发生索赔、诉讼等事件时，将是必不可少的依据和资料。因此，监理工程师在加强计算机化信息管理的同时，有必要建立起一套完整的建设监理文书档案管理制度，从而妥善保管监理技术文件和各类原始资料。这也是建立计算机的监理信息系统必要的前提条件。

（二）水土保持工程监理文档管理系统的主要内容

1.监理资料台账

（1）监理委托合同。合同一式五份：档案员一份（存档，按时间编目，合同失效后定期销毁）；经理一份；工程部一份；经济部一份；项目总监理工程师一份（工程竣工后收入单位工程监理档案资料存档）。

（2）文件。文件按行政和技术分为两类，分别按时间顺序编目。

（3）已竣工监理工程统计表。按年统计，档案室存档。表内主要子项为：工程项目名称、建设地址及所在河流、建设性质、工程类型、建设单位、设计单位、施工单位、监理合同号、开始监理时间、监理内容、工程工期（计划值、实际值）、工程质量（自评结果、监督站核定）、工程费（概算值、结算值）。

（4）在建监理工程统计表。按年度列表，按季核实，年末未竣工项目列入下一年度，其子项包括：工程项目名称、建设地址及所在河流、建设性质、工程类型、建设单位、设计单位、施工单位、监理合同号、开始监理时间、监理内容、工程工期、概算、完成部位、已支付工程款、累计支付工程款。

2.监理资料主要内容

（1）监理合同。

（2）监理大纲、监理规划。

（3）监理月报。

（4）监理日志。

（5）会议记录。

（6）监理通知。

（7）工程质量事故核查处理报告。

（8）施工组织设计及审核鉴证。

（9）工程结算核定。

（10）主体工程质量评定监理核查意见表。

（11）单位工程竣工验收监理意见。

（12）质量监督站主体结构及竣工核验意见。

3.监理报表

监理报表是监理机构开展工程项目监理不可缺少的工具，同时也是监理文书档案的主要内容。监理报表应根据有关监理文件精神，参照国际通用国际咨询工程师联合会（FIDIC）条款，结合工程监理实践进行编制。由于水土保持工程的类型繁多，投资及管理体制上也各有特点，具体编制和应用这些表格时，应结合目标工程的实际情况，对表式内容进行增删或补充其他表式。这些表格在作为档案收存时，有些可以直接保存，有些尚应经过某些处理，如分类、汇总之后再归档。

第七章 水土保持工程验收管理

第一节 水土保持设施验收程序

一、总则

（1）工程项目竣工水土保持设施验收是水利工程项目验收的基础工作之一，水土保持设施必须及时进行验收，确保水保行政主管部门水土保持设施验收顺利进行。

（2）工程项目竣工水土保持设施验收（包括"三通一平"验收）是指工程中水土保持项目完工后，业主环水保管理部门，根据相关要求，依据审阅水土保持竣工验收报告，并通过水土保持监测数据和现场检查等手段，考核该工程项目是否达到水土保持要求的活动。

二、水土保持验收的目的

（1）检查水土保持设施的设计和施工质量。

（2）评价水土流失防治效果，判断是否达到国家标准规定的要求，检查是否存在水土流失隐患。

（3）确认临时占地范围内的水土流失防治义务是否终结。

（4）认定水土保持投资。

（5）发现和解决遗留问题。

（6）评价建设单位的社会责任。

三、水土保持验收任务

（1）建设单位、设计单位和施工单位要分别对水土保持设施进行评价，实事求是地总结各自在建设过程中的经验和教训；对设施的质量、进度和投资进行分析。

（2）建设单位负责办理各单位工程的验收和交接手续，完成水土保持工程的竣工结算，完成其他善后工作。

（3）施工单位完成扫尾和清理工作，以保证施工队伍尽快退场。

（4）行政主管部门复核检查项目工程是否完成水土流失防治任务，评价水土保持设施的质量是否合格，检查与其相关的档案资料及管护措施。

四、验收分类

（1）自查初验。由建设单位或其委托监理单位组织设计单位、工程监理单位、环水保监理单位、施工单位参与水土保持设施验收。主要包括分部工程的自查初验和单位工程的自查初验，这是行政验收的基础。

（2）行政验收。由水行政主管部门在水土保持设施建成后主持开展的水土保持设施验收，是主体工程验收（含阶段验收）前的专项验收方案，由审批部门组织的水土保持专项验收，是对审批事项的终结。

①分期建设项目，分期进行验收。

②验收前还应通过技术评估。

③没有自查初验、技术评估或未通过技术评估的，不能验收。

五、验收的责任主体

（一）各阶段的责任主体均为建设单位

（1）建设单位负责组织设计、监理和施工单位进行自查初验。

（2）报请质量监督机构评定工程质量。

（3）在土建工程完工后，主体工程竣工验收前，报请验收。

（4）准备相关资料及档案资料。

（5）档案资料的要求。

（二）重要档案资料应保存 15 年以上

所谓重要档案资料主要指：

（1）有关水土保持文件，包括工程立项文件，水土保持有关批件，有关合同、概算调整文件。

（2）工程建设过程中的主要技术成果，包括水土保持方案及其设计文件，水土保持监理成果，水土保持监测成果。

（3）水土保持设施建设的有关资料，包括施工图纸、施工资料、设计变更、验收签证和鉴定书、竣工资料等。

（4）其他相关资料，包括有关行政主管部门的监督检查意见、水土保持补偿费缴纳资料等。

六、水土保持验收单位工程、分部工程、单元工程划分

（一）单位工程

（1）单位工程是可以独立发挥作用，具有相应规模的单项治理措施（如基本农田、植物措施等）和较大的单项工程（如大型淤地坝、骨干坝）。

（2）开发建设项目水保的八类单位工程：拦渣、斜坡防护、土地整治、防洪排导、

降水蓄渗、临时防护、植被建设、防风固沙。

（二）分部工程

分部工程是单位工程的主要组成部分，可单独或组合发挥一种水土保持功能的工程。开发建设项目水保的分部工程包括以下几项：

（1）拦渣工程：基础与处理、拦渣坝（墙、堤）体、防洪排水。

（2）斜坡防护工程：工程护坡、植物护坡、截（排）水。

（3）土地整治工程：场地整治、防洪排水、土地恢复。

（4）防洪排导工程：基础开挖与处理、坝（墙、堤）体、排洪导流。

（5）降水蓄渗工程：降水蓄渗、径流拦蓄。

（6）临时防护工程：拦挡、沉沙、排水、覆盖。

（7）植被建设工程：点片状植被、线网状植被。

（8）防风固沙工程：植被固沙、工程固沙。

（三）单元工程

分部工程中由几个工序、工种完成的最小综合体，是日常质量考核的基本单位。对分部工程安全、功能、效益起控制作用的单元工程称为主要单元工程。建设项目水保的单元工程有以下几项：

（1）土石方开挖工程按段、块划分。

（2）土方填筑按层、段划分。

（3）砌筑、浇筑、安装工程按施工段或方量划分。

（4）植物措施按图斑划分。

（5）小型工程按单个建筑物划分。

（6）单位、分部、单元工程划分体系。

①拦渣工程项目划分。

a.基础开挖与处理：每个单元工程长 50~100m，不足 50m 的可单独作为一个单元工程，大于 100m 的可划分为两个以上单元工程。

b.坝（墙、堤）体：每个单元工程长 30~50m，不足 30m 的可单独作为一个单元工程，大于 50m 的可划分为两个以上单元工程。

c.防洪排水：按施工面长度划分单元工程，每 30~50m 划分为一个单元工程，不足 30m 的可单独作为一个单元工程，大于 50m 的可划分为两个以上单元工程。

②斜坡防护工程项目划分。

一是工程护坡：

a.基础面清理及削坡开级，坡面高度在 12m 以上的，施工面长度以每 50m 作为一个单元工程，坡面高度在 12m 以下的，以每 100m 作为一个单元工程。

b.浆砌石、干砌石或喷涂水泥砂浆，相应坡面护砌高度；按施工面长度每 50m 或 100m 作为一个单元工程。

c.坡面有涌水现象时，设置反滤体，相应坡面护砌高度，以每 50m 或 100m 作为一个单元工程。

d.坡脚护砌或排水渠，相应坡面护砌高度，以每 50m 或 100m 作为一个单元工程。

二是植物护坡：高度在 12m 以上的坡面，按护坡长度每 50m 作为一个单元工程；高度在 12m 以下的坡面，以每 100m 作为一个单元工程。

三是截（排）水：按施工面长度划分单元工程，每 30~50m 划分为一个单元工程，不足 30m 的可单独作为一个单元工程。

③土地整治工程划分。

a.场地整治：每 $0.1~1hm^2$ 作为一个单元工程，不足 $0.1hm^2$ 的可单独作为一个单元工程；大于 $1hm^2$ 的可划分为两个以上单元工程。

b.防洪排水：按施工面长度划分单元工程，每 30~50m 划分为一个单元工程，不足 30m 的可单独作为一个单元工程。

c.土地恢复：每 $100m^2$ 作为一个单元工程。

④防洪排导工程项目划分。

a.基础开挖与处理：每个单元工程长 50~100m，不足 50m 的可单独作为一个单元工程。

b.坝（墙、堤）体：每个单元工程长 30~50m，不足 30m 的可单独作为一个单元工程，大于 50m 的可划分为两个以上单元工程。

c.排洪导流设施：按段划分，每 50~100m 作为一个单元工程。

⑤降水蓄渗工程项目划分。

a.降水蓄渗：每个单元工程 30~50m³，不足 30m³ 的可单独作为一个单元工程，大于 50m³ 的可划分为两个以上单元工程。

b.径流拦蓄：同降水蓄渗工程。

⑥临时防护工程项目划分。

a.拦挡：每个单元工程量为 50~100m，不足 50m 的可单独作为一个单元工程，大于 100m 的可划分为两个以上单元工程。

b.沉沙：按容积分，每 10~30m³ 为一个单元工程，不足 10m³ 的可单独作为一个单元工程，大于 30m³ 的可划分为两个以上单元工程。

c.排水：按长度划分，每 50~100m 作为一个单元工程。

d.覆盖：按面积划分，每 100~1000m² 作为一个单元工程，不足 100hm² 的可单独作为一个单元工程，大于 1000m² 的可划分为两个以上单元工程。

⑦植被建设工程项目划分。

a.点片状植被：以设计的图斑作为一个单元工程，每个单元工程面积 0.1~1hm²，大于 1hm² 的可划分为两个以上单元工程。

b.线网状植被：按长度划分，每 100m 为一个单元程。

⑧防风固沙工程项目划分。

a.植物固沙：以设计图斑作为一个单元工程，每个单元工程面积 1~10hm²，大于 10hm² 的可划分为两个以上单元工程。

b.工程固沙：每个单元工程面积 0.1~1hm²，大于 1hm² 的可划分为两个以上单元工程。

七、验收依据

（1）法律法规。法律法规主要指法律、行政法规、地方性法规、部门规章、地方政府规章和规范性文件。

（2）有关技术标准。有关技术标准指水土保持方案编制、设计、施工、监理、监测、质量评定等技术标准。

（3）有关政府批件。有关政府批件指水土保持方案批复文件、初步设计批准文件、概算调整批复文件等。

（4）水电站水土保持方案（含各分项水土保持方案）及相关水土保持行政主管部门的批复、后续的初步设计及施工图设计、设计变更、补充设计等。

（5）相关合同。相关合同指施工合同、监理合同、监测合同等。

（6）业主单位及监理单位在工程建设过程中发出的有关修改、调整文件或指示性文件。

八、验收内容

承包商需在申请合同项目工程验收前，要先申请工程项目水土保持竣工验收，验收范围主要包括以下几项：

（1）为防止开挖、回填边坡受降水、地表径流冲刷或重力等作用发生土壤侵蚀、失稳、滑坡、垮塌等危害而采取的拦挡、防（支）护、截排水等工程措施和植物措施。

（2）为防止渣场弃渣发生水土流失采取的拦挡、防护、截排水等工程措施和渣场表面植被恢复措施；防止开挖和回填土石方入河（江）采取的拦挡、防护等措施。

（3）为恢复施工扰动的裸露地表植被或美化景观、改善生态环境采取的景观绿化、生态林建设、种植绿化带植物措施。

九、水利工程项目竣工水土保持设施验收的条件

（1）合同项目涉及的水土保持工程施工资料审查，审批手续，水土保持设计、施工质量检验、评定和财务支出等相关资料齐全。

（2）水土保持设施已按合同和设计文件的要求建成或者落实，水土保持工程施工质量具有监理质量检验、评定等文件，水土流失防治能力适应工程。

（3）对实施植树种草的区域，乔、灌木成活率和草坪覆盖率满足合同与国家水土保持相关规程规范等要求。

（4）水土保持设施正常运转，包括经培训合格的操作人员、健全的岗位操作规程及相应的规章制度，符合交付使用的其他要求。

十、验收工作组织

业主环水保管理部门为水电站工程项目竣工水土保持设施验收机构，具体负责验收相关工作。

十一、验收工作程序

（1）工程项目竣工后，其配套建设的水土保持设施必须与工程同时投入生产（运行）。工程项目完工后，其配套建设的水土保持设施必须与工程同时验收。

（2）工程项目验收前，承包人应向业主环水保管理部门提出验收申请。

（3）业主环水保管理部门自接到申请之日起 7d 内，组织环水保管理中心成员对申请验收的水土保持设施落实情况进行现场检查；检查后 7d 之内做出审查的决定。

（4）对水土保持设施已建成并按规定要求落实的，同意验收申请。对水土保持设施未按规定建成或落实的，不予同意验收申请，并说明理由；逾期未作出决定的，视为同意验收申请。

（5）承包人按相关要求及时编制水土保持方案实施工作总结报告，填写水土保持工程设施竣工验收表，并准备验收鉴定书。环水保监理单位对承包人提交的水土保持设施验收报告以及文件、资料等进行审核。

（6）工程项目竣工水土保持设施验收工作可与工程验收工作同步进行。水电站工程建管处收到工程项目竣工工程验收申请后，及时通知环水保中心成员参与该项目的水土保持竣工验收。

十二、自查初检

（1）自查初验：建设单位或其委托水土保持监理单位在水土保持设施建设过程中组织开展的水土保持设施验收，主要包括分部工程的自查初验和单位工程的自查初验，它是行政验收的基础；没有自查初验、技术评估或未通过技术评估的，不能验收。

（2）建设单位组织设计单位、水土保持监理单位、工程监理单位、施工单位参加分部工程、单位工程验收。

（3）分部工程自查初验。分部工程的所有单元工程被监理单位确认为完建且质量全部合格或有关质量缺陷已经处理完毕的，方可进行分部工程验收。

分部工程验收应由建设单位或其委托的监理单位主持，设计、施工、监理、监测和质量监督等单位参加，并应根据生产建设项目及其水土保持设施运行管理的实际情况决定运行管理单位是否参加。

①分部工程验收应包括以下内容：

a.鉴定水土保持设施是否达到国家强制性标准以及合同约定的标准。

b.按 SL336-2006《水土保持工程质量评定规程》和国家相关技术标准，评定分部工程的质量等级。

c.检查水土保持设施是否具备运行或进行下一阶段建设的条件。

d.确认水土保持设施的工程量及投资。

e.对遗留问题提出处理意见。

②分部工程自查初验的成果：

a.分部工程自查初验应填写"分部工程验收签证"，作为单位工程自查初验资料的组成部分。参加自查初验的成员应在签证上签字，分送各参加单位。归档资料中还应补充遗留问题的处理情况并附有相关责任单位的代表签字。

b 分部工程自查初验资料应包括工程图纸、过程资料及验收成果。

十三、单位工程自查初验

（一）实施条件

①按批准的设计文件的内容基本建成。

②分部工程已经完工并自查初验合格。

③运行管理条件已初步具备，并经过一段时间的试运行。

④无尾工或少量尾工已妥善安排。水土保持设施投入使用后，不影响其他工程正常施工，且其他工程施工不影响该单位工程安全运行。

（二）组织方式

单位工程自查初验应由建设单位或其委托的监理单位主持，设计、施工、监理、监测、质量监督、运行管理等单位参加。重要单位工程还应邀请地方水行政主管部门参加。

（三）单位工程验收应包括下列内容

①按照批准的水土保持方案及其设计文件，检查水土保持设施是否完成。
②鉴定水土保持设施的质量并评定等级，对工程缺陷提出处理要求。
③检查水土保持效果及管护责任落实情况，确认是否具备安全运行条件。
④确认水土保持工程量和投资。
⑤对遗留问题提出处理意见。

（四）单位工程自查初验的成果

（1）水土保持设施验收报告通过审查和现场查勘后，由环水保管理中心签署水土保持设施验收意见书，填写"单位工程验收鉴定书"，以此作为技术评估和行政验收的依据。"单位工程验收鉴定书"应分送参加验收的相关单位，并应为技术评估机构和运行管理单位各预留1份。

（2）建设项目所在地的各级水行政主管部门对建设项目的各次督查、检查、评价等书面意见，以及处理结果，应由建设单位保存，并应作为技术评估和行政验收的依据。

十四、水土保持设施竣工验收

（一）水土保持设施竣工验收条件

①开发建设项目水土保持方案审批手续完备，水土保持工程设计、施工、监理、财务支出、水土流失监测报告等资料齐全。

②水土保持设施按批准的水土保持方案报告书和设计文件的要求建成，符合主体工程和水土保持工程要求。

③六项指标（扰动土地整治率、水土流失总治理度、拦渣率、林草植被恢复率、林草覆盖率、土壤流失控制比）等达到批准的水土保持方案和批复文件的要求，以及国家和地方的有关技术标准。

④水土保持设施具备正常运行条件，且能持续、安全、有效运转，符合交付使用要求，管理维护措施落实到位。

（二）水土保持设施竣工验收申请材料

建设单位申请水土保持设施验收，应当提交下列材料（纸质件一式两份及电子文件），并对材料的真实性负责：

（1）水土保持设施验收申请书。

（2）建设单位编报水土保持方案实施工作总结报告。

（3）监测单位编报水土保持监测总结报告（含监测季报）。

（4）监理单位完成水土保持监理总结报告。

（5）调查单位的调查报告。

（三）受理条件

各类报告应符合《开发建设项目水土保持设施验收技术规程》和有关规定的形式要求，章节及附件齐全，并加盖单位公章；水土保持设施验收技术评估报告和监测总结报告的参编人员注明培训证书编号，并签名。

（四）受理方式及时限

在1个工作日内完成申请材料的格式审查，对申请材料齐全且符合规定形式的，予以受理；对申请材料不齐全或不符合规定形式的，不予受理；对需要补充材料的，在2个工作日内一次性告知需要补正的全部内容。

（五）验收公示

1.验收方式

对受理的水土保持设施验收申请，统一在网上进行公示（涉密项目除外），公示时间为 5 个工作日。

2.公示内容

公示内容包括生产建设项目名称、建设地点、建设单位和受理日期、公示日期等。

3.意见处理

对公示期间公众反映的问题，水利部将在初步调查核实的基础上予以分类处理。其中一般性的问题转验收会议主持单位处理；较严重的问题，由水利部组织流域管理机构、省级水行政主管部门及技术服务单位等进行研究，并提出处理意见。

（六）安排验收会议

1.会议时间

自受理之日起 15 个工作日内召开验收会议。由流域管理机构主持验收会议，流域管理机构在确定具体会议时间和安排后，提前报水利部；在验收会议前一周印发会议通知。

2.会议地点

验收会议原则上应在项目所在地召开。因特殊情况不能在项目所在地召开的，验收会议主持单位应提前组织人员安排现场检查。对现场难以全面检查的、线路较长的线形工程，建设单位应提供项目所在地的高空影像资料。

3.参会单位及专家

根据生产建设项目的规模、性质、复杂程度和水土流失防治任务，在印发会议通知时确定参会单位和专家名额。具体参加的专家人选由验收会议主持单位协调确定。

与会专家负责对水土保持主要技术问题进行把关，并对其是否完成水土保持方案批复的各项防治任务，水土保持措施的设计、实施是否符合水土保持有关技术规范、标准的要求，以及水土保持监测总结、监理总结、技术评估报告等是否符合验收技术规程的要求等提出意见。

4.会议材料发放

水利部受理验收申请后，建设单位应当及时将会议材料送达验收会议主持单位，验收会议主持单位在会前一周将材料送达参会专家。

（七）现场验收

现场验收包括现场检查、资料查阅、预备会议和验收会议四个主要环节。

1.现场检查

①检查内容。验收会议主持单位应组织参会人员和专家，根据批准的水土保持方案及其设计文件要求，现场检查水土保持设施的建设及运行情况，包括不同防治区域的水土流失防治体系、实施情况，主要防治措施的外观、数量，以及水土流失防治效果。

②检查方式。原则上，对于点式工程应进行全面检查；对于点线结合的混合型工程以及跨度较大的线形工程，在设单位提供水土保持现状影像资料的基础上，可选择重点工程部位进行抽查。具体抽查重点和抽查比例由验收会议的主持单位根据项目的实际情况确定。

③检查时间。对于点式工程，检查时间一般不超过一天；对于点线结合的混合型工程以及跨度较大的线形工程，检查时间根据抽查情况由验收会议主持单位确定；已对生产建设项目开展了全面督查的，可适当压缩检查时间。

2.资料查阅

现场检查后，验收会议主持单位应对照验收技术规程要求的《验收应提供的资料（备查资料）目录》，组织安排专门的资料查阅。

3.查阅时间

原则上资料查阅时间不少于半天。

（八）预备会议

预备会议的主要内容是：确定验收组组成；在现场检查和资料查阅的基础上，集体研究基本形成是否通过验收的意见；对不能通过验收的，可告知生产建设单位在会议正式召开前，书面撤回验收申请。

（九）验收会议

（1）会议程序。验收会议一般包括宣布验收组名单，听取建设单位、监测、监理、技术评估等单位汇报，讨论质询和宣布验收意见等四个环节。

（2）会议时间。一般为半天，原则上不超过一天。

（3）会议结论。经现场检查、资料查阅和会议讨论，对满足验收合格条件的，形成验收鉴定书，并由验收组成员签字；对不满足验收合格条件的，形成不予通过现场验收的意见，明确具体原因和整改要求，并由验收组成员签字。

（4）生态文明工程。对验收组一致认为各环节、各方面工作均较好的水土保持设施，验收会议主持单位可向生产建设单位提出申报国家水土保持生态文明工程的建议。

（十）上报验收会议材料

对验收合格的项目，生产建设单位应组织各有关单位在5个工作日内完成有关报告的修改完善工作，并送达验收会议主持单位（生产建设单位组织修改完善报告的时间不计入水利部办理验收审批手续的时间）。验收会议主持单位应在3个工作日内将复核后的报告和验收鉴定书上报水利部，由水利部印发验收鉴定书。

对验收不合格的项目，验收会议主持单位应在3个工作日内将验收鉴定书报送水利部，由水利部印发验收鉴定书。生产建设单位在落实各项整改措施后，可重新向水利部申请验收。

对验收会议前申请撤回的项目，经验收会议主持单位现场签署意见后，由生产建设单位报送水利部。水利部研究同意后即中止本轮行政许可程序。

十五、水土保持设施竣工验收技术评估需要的资料清单

（一）前期工作

（1）可研批复文件复印件。

（2）初设批复文件复印件。

（3）工程征用地批复文件复印件。

（4）工程设计变更文件复印件。

（5）工程开工批复文件复印件。

（6）水土保持方案报告（报批稿）电子版。

（7）水保方案批复文件纸质及电子版。

（二）施工阶段

1.基本资料

①建设单位水土保持机构及水土保持管理情况介绍。

②主体及水土保持工程施工进度安排。

③水土保持工程设计单位、施工单位、监理单位、监测单位名录及委托时间。

④水土保持监理月报电子版。

⑤水土保持监测报告（含季报、年报）电子版。

⑥工程大事记。

⑦水行政主管部门水土保持监督检查情况通报文件。

2.工程量及投资

①工程占地类型及面积（原地貌）。

②工程土石方量及调配情况。

③排水、拦挡、防护（护岸工程）、土地整治工程量及投资。

④临时拦挡、遮盖、排水等临时措施工程量及投资。

⑤植物绿化工程量及投资。

3.图件

①工程总平面布置 CAD 图。

②水土保持责任范围 CAD 图。

③水土保持工程施工设计〔包括水土保持工程措施（如挡土墙、护坡、挡渣墙、截排水沟等）CAD 图〕。

④渣场设计 CAD 图。

（三）竣工验收

基本资料：

①工程监理总结报告电子版。

②水土保持监理总结报告。

③水土保持监测总结报告电子版。

④工程质量鉴定（评定）报告复印件。

⑤水土保持措施施工质检报告（主要为土建工程质检表。如排水、边坡防护等）复印件。

⑥工程量及投资结算。工程完工后的总投资及水土保持工程专项投资；水土保持工程专项投资分别列出工程措施（如挡土墙、护坡、截排水沟、土地整治等）、植物措施（如临时水土保持、临时排水沟等）的工程量及对应的投资。

（四）图件

（1）水土保持工程措施、植物措施工程竣工图CAD图。

（2）水土保持工程措施总体布置图CAD图。

（3）排水措施典型设计图、拦挡工程典型设计图、植物绿化布设图CAD图。

（五）其他资料

（1）水土保持补偿费缴纳凭证复印件。

（2）拆迁移民安置情况。

十六、水土保持设施竣工验收技术评估主要内容

（1）评价建设单位对水土流失防治工作的组织管理情况。

（2）评价水土保持方案后续设计落实情况。

（3）评价施工单位制定和遵守相关水土保持工作管理制度的情况。调查施工过程中施工单位采取措施的种类、数量和防治效果。

（4）抽查核实水土保持设施的数量，对重要单位工程进行核实和评价，检查评价施工质量，检查工程存在的质量缺陷是否影响工程使用寿命和安全运行；评价水土保持监理、监测工作。

（5）判别建设项目的扰动土地整治率、水土流失总治理度、土壤流失控制比、拦渣率、林草植被恢复率、林草覆盖率等指标是否满足建设项目水土流失防治目标。

（6）检查水土流失防治效果与生态环境恢复和改善情况。调查施工过程中水土流失防治效果，分析评价水土保持设施试运行的效果及水土保持设施运行管理维护责任的落实情况。

（7）根据水土质量监督部门或监理单位的工程质量评定报告或评价鉴定意见，评估工程质量的等级或质量情况。

十七、评估成果

（1）建设项目水土保持设施技术评估报告相关附件。

（2）建设项目水土保持行政验收前需要解决的主要问题及其处理情况说明。

（3）重要单位工作影像资料。

（4）建设项目水土保持设施竣工验收图。

水土保持设施技术评估报告的主要内容包括评估建设项目的过程及依据，建设项目主体工程概况、水土保持方案及其设计确定的水土保持设施建设完成情况（附竣工示意图纸和工程量）；水土保持设施的数量和质量情况，水土保持投资完成情况，水土保持综合组、工程组、植物组及财经组的各组技术评估意见，从各专业的角度进行客观详细的技术评估，出具相应的竣工图样、完成工程量详表及专项财务支出和经济评价等，提出各专业技术评估结论、存在问题及建议等。

十八、技术评估中重要问题的处理方法

（1）关于水土保持工程措施数量，依据工程设计、工程标段、工程监理和水土保持技术标准分析确定。

（2）关于水土保持设施质量。以工程自查初验和监理验收等为基础，结合验收评估过程中的抽查、检验结果，经分析研究后评定；对涉及工程安全特别是渣场、尾矿、高陡边坡、泥石流、滑坡等防护工程的，要慎重做结论。

（3）关于水土保持措施设计变更。水行政主管部门批准的水土保持方案是水土保持设施验收技术评估的依据，允许经批准或备案的设计变更，水土保持措施设计可在批准的水土保持方案的总体框架基础上进行修改增减，但不得低于原技术标准和防护要求。

（4）关于取料场、弃渣场的设计变更与移交。5 0000m³ 以上的料（渣）场地点变更和挡墙等重要防护措施变更应作为重大设计变更，要报批或备案；10 000m³ 以上的料（渣）场只有通过验收后才能正式移交地方，并同时移交水土流失防治责任；未验收前，应由建设单位承担水土流失防治责任。

（5）关于水土流失防治责任范围。技术评估范围应为行政主管部门批准的水土流失防治责任范围，当部分工程未征地建设时可以核减，当有新增征地或使用土地时应予以增核。生产运行期的水土流失防治责任范围应为工程实际征占和管理的土地范围。

（6）关于移民区水土保持验收。当移民规模和投资规模比较小时，应全部纳入本次评估的验收范围；当移民规模和投资规模较大时，可考虑单独验收。

（7）关于水土保持的监测、监理。水土保持验收应有水土保持监测成果和监测报告，没有的要补做，对未按规定开展水土保持监测、监理工作的工程项目，要作为存在的问题在其技术评估报告中明确提出。

（8）关于水土保持投资。从水土保持评估的实际出发，水土保持投资要依据决算、审计的文件及合同、监理和验收的资料进行核算，并慎重做出财务评估结论，评估报告的水土保持投资要符合工程实际。同时，要征求建设单位的意见，要严格区分主体工程投资和水土保持工程投资，应属主体工程投资的不应列入具有水土保持功能的工程投资，更不能新增水土保持投资。

（9）关于前期工程的水土保持验收问题。对分期建设的项目，在验收本期工程时，要同时验收前几期工程的水土保持设施。

（10）关于自然恢复是否计入水土保持植被措施。除非批准的水土保持方案有明确的设计和要求，否则自然恢复的植被不能认定为水土保持措施，也不能计入水土流失治理面积。

（11）关于植物措施的标准。水土保持方案中较高标准的植被措施改成了较低标准的植被措施，造成实施后的景观效果发生很大变化，应对现有植被措施不足提出完善和改进的要求。

（12）关于六大指标中的分子确定，一是要按新标准的规定计算，二是按有关的原则确定各项参数。在此之前批复水土保持方案的项目按旧标准执行，能达到新标准的，按新标准验收。一般情况下，技术评估应以水土保持方案确定的六项指标作为生产建设项目应达到的防治标准；个别指标没有达到标准的，技术评估单位要进行认真分析论证，并提出验收意见。

（13）关于预留场地。预留场地如果无明确安排用途，需要完成相关的水土保持措施。后期明确安排用途的，可以暂时不开展水土保持工作，但闲置期不能超过一年。预留场地闲置一年以上的，必须采取水土保持措施。如平整覆盖、排水、工程拦挡、植物防护等措施。总体上要求：一是生态景观不能破坏，二是不能留有水土流失隐患。

（14）关于应急渣场设置问题。对废渣利用率较高的生产建设项目，要制定弃渣不能利用的情况下的应急方案和措施，设置应急渣场地并实施相应的水土保持措施。

（15）对于遗留问题的处理。一般情况下，未实施植物措施占全部植物措施比例超过 5%的，不能进行验收，情况特殊的可放宽至 10%。自然恢复原则上不计入植物措施，当其郁闭度等指标达到规范要求的，可不再实施原设计植物措施，但应作为未落实问题在评估报告中明确提出。

（16）关于整改要求落实问题。水行政主管部门监督、检查情况对生产建设项目提出了整改要求的，技术评估报告要有专门内容说明整改落实情况。

第二节 竣工环境保护验收程序

一、验收技术工作程序

水利水电建设项目竣工环境保护验收技术工作分为三个阶段：准备阶段、验收调查、现场验收。

二、准备阶段

（1）收集、分析工程的基础信息和资料，了解和研读建设项目环境影响评价文件、初步设计环保篇章、环境影响评价文件技术评估报告和环境影响评价审批文件等。

（2）初步调查建设项目工程概况、配套环保设施运行情况、设计变更情况、环境敏感目标，以及主要环境问题等。

（3）确定验收调查执行标准、调查时段、调查范围、调查内容和重点、采用的技术手段和方法，调查工作的进度安排，编制验收调查实施方案。

三、验收调查阶段

（1）根据验收调查实施方案，主要调查工程施工期和运行期的实际环境影响，环境影响评价文件、环境影响评价审批文件和初步设计文件提出的环保措施的落实情况；环保设施的运行情况及治理效果，环境监测，公众意见调查等。

（2）针对调查中发现的问题，提出整改和补救措施，明确验收调查结论，编制验收调查报告。

四、现场验收阶段

为建设项目竣工环境保护验收现场检查提供技术支持，包括汇报验收调查情况等。

五、验收条件

（1）建设前期环境保护审查、审批手续完备，技术资料与环境保护档案资料齐全。

（2）环境保护设施及其他措施等已按批准的环境影响报告书（表）或者环境影响登记表和设计文件的要求建成或者落实，环境保护设施经负荷试车检验合格，其防治污染能力适应主体工程的需要。

（3）环境保护设施安装质量符合国家有关部门颁发的专业工程验收规范、规程和检验评定标准。

（4）具备环境保护设施正常运转的条件，包括经培训合格的操作人员、健全的岗位操作规程及相应的规章制度。原料、动力供应落实，符合交付使用的其他要求。

（5）污染物排放符合环境影响报告书（表）或者环境影响登记表和设计文件中提出的标准，以及核定的污染物排放总量控制指标的要求。

（6）各项生态保护措施按环境影响报告书（表）中规定的要求落实，工程项目建设全过程中受到破坏并可恢复的环境已按规定采取了恢复措施。

（7）环境监测项目、点位、机构设置及人员配备，符合环境影响报告书（表）和有关规定要求。

（8）环境影响报告书（表）中提出需对环境保护敏感地带进行环境影响验证，对清洁生产进行指标考核，对施工期环境保护措施落实情况进行工程环境监理保护的，已按要求完成。

（9）环境影响报告书（表）中要求建设单位对其他设施污染物排放采取措施，或要求建设项目所在地地方政府或者有关部门采取"区域消减"措施满足污染物排放总量控制要求的，其相应措施应得到落实。

六、验收工况

（1）建设项目运行生产能力达到其设计生产能力的 75%以上并稳定运行，相应环保设施已投入运行。如果短期内生产能力无法达到设计能力的 75%，验收调查应在主体工程稳定运行、环境保护设施正常运行的条件下进行，注明实际调查工况。

（2）对于没有工况负荷的建设项目，如堤防、河道整治工程、河流景观建设工程等，验收工作应在工程完工运用且相应环保设施及措施完成并投入运行后进行。

（3）对于灌溉工程项目，其构筑物应已完建，灌溉引水量达到设计规模的 75%以上。

（4）对于分期建设、分期运行的项目，按照工程实施阶段，可分为蓄水前阶段和发电运行阶段进行验收调查。蓄水前阶段验收调查主要是施工调查；发电运行阶段验收调查工况应符合的条件为：电站所有机组建成投运，配套环水保设施按照国家批复的环评报告及水保方案、施工阶段设计要求落实到位。

（5）对于在项目筹建期编制了水通、电通、路通和场地平整"三通一平"工程环境影响报告书的项目，应在蓄水前进行"三通一平"竣工环境保护验收。

七、验收调查时段和范围

（1）根据水利水电建设项目特点，验收调查应包括工程前期、施工期、运行期三个时段。

（2）验收调查范围原则上与环境影响评价文件的评价范围一致；当工程实际建设内容发生变更或环境影响评价文件未能全面反映出项目建设的实际生态影响或其他环境影响时，应根据工程实际变更和实际环境影响情况，结合现场踏勘对调查范围进行适当调整。

八、验收标准确定的原则

（1）以建设项目环境影响评价文件和环境影响评价审批文件中提出的环保要求与

采用的环境保护标准，作为验收依据和标准。

（2）建设项目环境影响评价文件和环境影响评价审批文件中没有明确要求的，可参考国家和地方环境保护标准，或参考其他相关标准。

（3）没有现行环境保护标准的，应按照实际调查情况给出结果。

九、验收标准的内容

（1）污染物排放标准采用建设项目环境影响评价文件和环境影响评价审批文件中确认的污染物排放标准。对评价文件审批后，污染物排放标准进行了修订或制定了新标准的，新制修订的标准可作为参考。当建设项目满足环评确认的污染物排放标准而不满足新修订的标准时，应提出验收后按照新标准进行达标排放治理的建议。

（2）环境质量标准采用建设项目环境影响评价文件和环境影响评价审批文件中确认的环境质量标准。对评价文件审批后进行了修订/新颁布的现行标准，采用现行标准作为参考标准，当建设项目满足环评时确认的标准而不满足现行标准时，应提出验收后按照现行标准进行整改的建议。

（3）生态验收标准和指标。

①生态验收标准可以以生态环境和生态保护目标的背景值或本底值为参照标准。生态指标应依据国家标准和实际调查情况确定。生态调查指标为：野生动植物生境、种类、分布、数量、优势物种；国家或地方重点保护物种和地方特有物种的种类与分布等；水生生物生境、种类、种群数量、优势种等；生态保护、恢复、补偿、重建措施等。

②由于建设项目实际工程情况变更或环境影响评价文件中未能全面反映工程的实际生态影响的，应进行实际影响调查；调查指标应依据国家标准和实际调查情况确定。

③对于环境影响评价文件审批后划定的生态保护区和保护目标，也应作为调查指标。

④环境保护措施落实调查指标，应采用建设项目环境影响评价文件、环境影响评价审批文件和环境保护设计中提出的环境保护措施与环境保护设施作为指标。当设计变更时，以变更后的环保设施为指标。

十、验收调查的原则、方法和重点

（一）验收调查原则

验收调查应以批准的环境影响评价文件、审批文件和工程设计文件为基本要求，对建设项目的环境保护设施和措施进行核查。验收调查应坚持客观、公正、系统全面、重点突出的原则。

（二）验收、调查方法

验收调查应采用充分利用已有资料、工程建设过程回顾、现场调查、环境监测、公众意见调查相结合的方法，可参照相关技术标准规定的方法执行，并充分利用先进的技术手段和方法。

（三）验收重点

（1）工程设计及环境影响评价文件中提出的造成环境影响的主要工程内容。

（2）重要生态保护区和环境敏感目标。

（3）环境保护设计文件、环境影响评价文件及环境影响评价审批文件中提出的环境保护措施的落实情况及其效果等。其主要有调水工程和水电站下游减水、脱水段生态影响及下泄生态流量的保障措施；水温分层型水库的下泄低温水的减缓措施；大、中型水库的初期蓄水对下游影响的减缓措施；节水灌溉和灌区建设工程节水措施；河道整治工程淤泥的处理措施等。

（4）配套环境保护设施的运行情况及治理效果。

（5）突出或影响严重的环境问题，工程施工和运行以来发生的环境风险事故，以及应急措施，公众强烈反映的环境问题。

（6）工程环境保护投资的落实情况。

十一、验收准备阶段资料收集

（1）根据工程和环境特点，收集有关的流域综合规划和专项规划、区域或流域的环境功能划分文件、相关技术规范等。

（2）环境影响评价文件。环境影响评价文件应包括项目环境影响报告书（表）及有关环境监测评价资料。

（3）环境影响评价审批文件。环境影响评价审批文件应包括行业主管部门对建设项目环境影响评价文件的预审意见，各级环境保护行政主管部门对建设项目环境影响评价文件的审批意见。

（4）工程资料包括：

①建设项目可行性研究报告、设计报告、环境保护设计资料及其审批文件，项目实施过程中的设计变更资料和变更审批文件。

②施工环境保护总结报告、环境监测报告、环境监理报告、建设单位环境管理报告和施工期临时环境保护设施运行资料。

③建设项目工程验收资料及有关专项验收资料（水库清库验收、水土保持专项验收、环保设施专项验收和移民安置专项验收等）。

④工程运行资料，环境保护设施的规模、工艺过程及运行资料等。

⑤环境保护专项工程和生态补偿的合同、协议文件及投资落实资料。

（5）工程涉及水体的水功能区划、纳污能力和排污总量控制的资料。

（6）其他基础资料：项目评价区域的自然保护区、风景名胜区、文物古迹等环境敏感目标的规划资料，包括保护内容、保护级别（国家级、省级、市级、县级）及相应管理部门管理文件；区域或流域的自然环境概况和社会环境概况。

十二、现场初步调查

（一）调查目的

根据建设项目工程进度及完成情况、环境保护措施及配套环境保护设施运行情况的实地初步调查结果，确认运行工况符合竣工环境保护验收的要求，结合初步调查结果制定验收调查方案，编制项目竣工环境保护验收调查实施方案。

（二）调查内容

（1）核查工程验收情况。核实工程技术文件、资料，初步调查项目实施过程，主体工程、附属工程及配套环境保护设施的完成及变更情况。

（2）逐一核实环境影响评价文件及环境影响评价审批文件要求的环境保护设施和措施的落实情况。

（3）调查工程影响区域内环境敏感目标的情况，包括环境敏感目标的性质、规模、环境特征、与工程的位置关系、受影响情况等。

（4）核查工程实际环境影响及减缓措施的效果，其业主单位环境保护管理机构、制度和管理概况。

十三、编制环境保护验收调查实施方案

在资料收集分析和现场初步调查的基础上，编制《建设项目竣工环境保护验收调查实施方案》。

十四、验收调查技术要求

(一)环境敏感目标调查

根据界定的环境敏感目标,调查项目影响范围内的环境敏感目标,包括地理位置、规模、与工程的相对位置关系、主要保护内容、环境影响评价文件中的变化情况等。

(二)工程调查

工程建设过程调查应检查建设项目的立项文件、初步设计及其批复和程序的完整性、批复单位权限与项目投资规模的符合性;调查项目审批时间和审批部门、初步设计完成及批复时间、环境影响评价文件完成及审批时间、工程开工建设时间、建设期大事记、完工投入运行时间等。调查工程各阶段的建设单位、设计单位、施工单位和工程环境监理单位,工程验收及各专题验收的情况。

(三)工程概况调查

(1)工程基本情况,包括建设项目的地理位置、工程规模、占地范围、工程的设计标准和建筑物等级、工程构成及特性参数,工程施工布置及料场的位置、规模,工程设计变更等。

(2)工程施工情况,包括施工布置、施工工艺、主体工程量,主要影响源,后期迹地恢复情况等。

(3)工程运行方式,包括工程运用调度过程、运行特点及实际运行资料,工程设计效益与运行效益等。

(4)对于改、扩建项目,应调查项目建设前的工程概况,设计中规定的改建(或拆除)、扩建内容。

(5)工程总投资和环境保护投资等。

十五、环境保护措施落实情况调查

（1）环境保护措施落实情况调查，应以环境影响评价文件、环境影响评价审批文件及环境保护设计文件为依据，调查要全面、深入、实事求是，并注意调查新增的环境保护措施。

（2）调查工程在设计、施工、运行阶段针对生态影响、水文情势影响、污染影响和社会影响所采取的环境保护措施，环境影响评价文件、环境影响评价审批文件及工程设计文件所提出的各项环境保护措施的落实情况，涉及取水及退水的审批文件所提出的水环境保护措施的落实情况，以及为解决环境问题提出的调整方案的落实情况。

（3）对于分期实施、分期验收的项目，应调查各期环保措施之间的关系，后续项目中"以新带老"环境保护措施的落实情况。

（4）根据调查结果，对环境影响评价文件、审批文件和设计文件与实际采取环境保护措施进行对照，分析变化情况，并对变化情况予以必要的说明。对于没有落实的措施，应说明实际情况和原因，并提出后续实施、改进的建议。

（5）生态保护措施，包括：植被保护与恢复措施；泄放生态流量的落实措施；低温水影响减缓工程措施；过鱼措施、增殖放流等鱼类保护措施；为生态保护采取的迁地保护和生态补偿措施；水土流失防治措施；土壤质量保护和占地恢复措施；自然保护区、风景名胜区等生态保护目标的保护措施；工程对局地气候影响的减缓和补偿措施。

（6）水文情势影响减缓措施，包括针对挡水建筑物导致上下游水文情势变化所采取的减缓措施，特别是对脱水和减水河段的保护措施，生态用水泄水建筑物及运行方案；针对调水工程改变水资源格局所采取的减缓措施和补偿措施。

（7）污染影响的防治措施，包括针对水、气、声、固体废物及振动等各类污染源所采取的防治措施和污染物处理设施，可分为施工期和运行期两个阶段，有侧重地进行调查。

（8）移民安置环境保护措施，包括安置区的生态、水环境、土地资源保护措施，污水和固体废物处理措施等。

（9）社会影响减缓措施，包括文物古迹、非物质文化遗产和人群健康等方面所采取的保护措施等。

十六、生态影响调查

（一）生态保护目标调查

（1）重点调查自然保护区、风景名胜区、重要湿地等的分布状况，调查应包括项目实施前已有的生态保护目标和项目实施后新确定的生态保护目标；应明确保护目标的保护区级别、保护物种和保护范围及其与工程影响范围的相对位置关系，收集比例适宜的保护目标与工程的相对位置关系图、保护区边界和功能分区图，重点保护物种的分布图等。

（2）采取资料调查和现场调查相结合的方法，分析工程建设对生态保护目标的影响及影响程度。

（3）对于改、扩建项目，应调查建设前的环保措施和设施，工程建设后设计中环保设施的建设和"以新带老"环境保护措施的落实情况。

（二）陆生生态调查

（1）调查工程占地对陆生生态的影响。占地包括临时占地和永久占地，重点调查占地位置、面积、类型、用途。调查影响区域内植被类型、数量、覆盖率的变化情况，动植物种类、保护级别、分布状况以及动物的生活习性等。分析工程占地对生态的影响，占地的生态恢复情况等。

（2）应根据建设项目环境影响评价文件中的评价等级以及项目对生态的影响范围和程度，确定调查的详细程度。调查技术方法包括现场和资料调查、遥感技术调查和实地样方调查或其他方法。

①对于建设项目涉及的范围较大、无法全部覆盖的，可根据随机性和典型性的原则，选择有代表性的区域与对象进行重点现场调查。调查区域与对象应基本能代表建设项目所涉及区域，进行选择性现场调查的项目可辅以遥感技术调查手段。

②应根据环境影响评价文件和工程生态影响特点，确定调查范围和内容，必要时可进行植物样方调查。工程变更，影响位置发生变化时，除在影响范围内选点进行调查外，还应在未影响区选择对照点进行调查。

③根据工程建设前后影响区域内重要野生动植物生存环境及生物量的变化情况，结

合工程采取的保护措施，分析工程建设对动植物的影响，与环境影响评价文件中预测值的符合程度、减免和补偿措施的落实情况及效果。

（三）水生生态调查

（1）调查内容包括：水生生物的种类、保护级别、生活习性、分布状况及生境。应重点调查对珍稀保护鱼类、洄游性鱼类的影响；渔业资源的变化；鱼类产卵场、索饵场和越冬场"三场"分布的变化。

（2）可根据建设项目对水生生态的影响范围和程度及水生生物保护的重要性，确定调查项目及调查的详细程度。对于工程影响范围内有国家级和省级鱼类保护区、鱼类"三场"分布；或有洄游性鱼类和保护性鱼类的项目，应进行现场调查。一般情况可采取资料收集和分析。

（3）根据工程建设前后水域内重要水生生物栖息环境及水生生物种群数量的变化情况，分析工程运行对水生生态的影响。重点调查对珍稀濒危、特有和保护性物种的影响；对鱼类"三场"、渔业资源的影响，并与环境影响评价文件中的预测结果进行比较，分析工程对水生生态影响的符合程度。

（4）对于改、扩建项目，应调查建设前的环保措施和设施，工程建设后设计中环保设施的建设和"以新带老"环境保护措施的落实情况。

调查工程采取的水生生态保护措施及其效果。对于坝、闸工程，重点调查过鱼设施或措施、鱼类增殖放流设施或措施等。

（四）农业生态调查

（1）调查工程建设对区域农业生产的影响，工程采取的农业保护措施及其效果。

（2）与环境影响评价文件对比，列表说明工程实际占地和变化情况，包括农田和耕地基本情况，明确占地性质、占地位置、占地面积、用途、采取的恢复措施和恢复效果。说明工程影响区域内对水利设施、农业灌溉系统采取的保护措施。

（3）调查工程对土壤次生盐渍化、潜育化、沙化、沼泽化的影响，防治措施及其效果。

（4）分析所采取的工程措施与非工程措施对区域内农业生态的影响。

（五）水土流失影响调查

（1）调查内容包括：工程影响区域内水土流失背景状况、工程施工期和运行期水土流失状况、所采取的水土保持措施的实施效果等。水土流失背景状况调查重点为工程影响区域内原土地类型，水土流失成因、类型、流失量等；工程施工期和运行期水土流失调查重点为工程占地、料场和渣场的分布、土石方量调运情况、新增水土流失量及工程对水土保持设施的影响等；工程水土保持措施调查重点为水土保持措施实施状况、水土资源保护状况、生态恢复效果等。

（2）工程施工期和运行期水土流失调查，可以比对项目建设前水土流失背景状况，对工程施工扰动原地貌、损坏土地和植被、弃渣、损坏水土保持设施和造成水土流失的类型、分布、流失总量及危害的情况进行分析。

（3）调查主要采取资料收集的方法。先期完成了水土保持验收工作的建设项目，水土流失影响调查可引用其验收结果。

（六）其他环境影响调查

（1）景观影响调查。重点调查建设项目对周围自然景观和人文景观的影响，特别是对风景名胜区的影响；分析工程与景观的协调性，调查工程景观保护措施的落实情况和有效性，并针对存在的不协调提出改进措施及建议。

（2）局地气候影响调查。重点调查水库库区和下游河道减水、脱水河段的局地气候的变化。一般采取收集资料的方法，调查内容主要包括气温、降水量、蒸发量、湿度、雾日、无霜期等。分析局地气候变化对河谷生态的影响，调查减缓对策措施的落实和有效性，并针对存在的问题提出补救措施及建议。

（3）环境地质调查。重点调查水库蓄水后可能造成的塌岸、滑坡和诱发地震对生态的影响，分析影响程度，调查采取的减缓措施和处理方案，并针对存在的问题和次生地质灾害的潜在影响及防范提出建议。

（七）生态影响及措施有效性分析

（1）从自然生态影响、生态保护目标影响、农业生态影响、水土流失影响等方面分析采取的生态保护措施的有效性，评述生态保护措施对生态系统结构与功能的保护（保护性质与程度）、生态功能补偿的可达性、预期可恢复程度等。

（2）根据上述分析结果，从保护、恢复、补偿、建设等方面，对存在的问题提出补救措施和建议。

（3）对短期内难以显现的生态影响，应提出跟踪监测要求及回顾性评价建议，并制订监测计划。

十七、水文、泥沙情势影响调查

（一）调查内容

（1）调查工程影响范围内河流水系控制性水文站的特征水文资料，以及工程运行后的水文数据。

（2）重点保护生物重要栖息地水文资料缺失的建设项目，应补充必要的现场调查和观测，同时注意收集该类物种栖息地与水文关系的相关研究成果。

（3）调查水利水电工程对水位、流量、泥沙调控的设计资料和运行方案。涉及梯级开发的水利水电工程，应调查相关的水利水电工程联合调度资料。对造成下游河道减（脱）水的建设项目，应重点调查下泄生态基流的保障措施的执行情况。

（4）调查工程建设前后水文、泥沙情势的变化特征，调查相应保护措施的落实和减缓效果。

（二）水文、泥沙影响及措施有效性分析。

（1）应根据调查和观测资料设置具体分析内容，并明确分析方法和重点。

水库工程要重点分析最小下泄流量、水量过程变化特征；引水工程应重点分析引水量对河流生态用水及下游水资源开发利用的影响；跨流域调水工程应重点分析调水区和受水区水资源利用的影响。

（2）应根据项目实施前后水文、泥沙情势调查数据，定量分析项目的影响，重点分析水文、泥沙情势影响减缓措施的效果，指出其存在的问题，提出补救措施和建议。

（3）对于长期运行才能显现的泥沙情势影响，应提出长期观测调查计划的建议。

十八、水环境影响调查

（一）调查内容

（1）调查建设项目所在区域的河流、水库的水环境保护目标及分布，重点调查流域内饮用水源保护区和取水口的位置、性质、取用水量和取水要求。调查与建设项目相关水体的水环境功能区划，与项目相关的水资源保护规划等。

（2）调查建设项目各种设施的用水情况。调查工程的水污染源、排放量、排放去向、主要污染物、采取的处理工艺及处理效果。必要时可调查影响该项目水环境的其他污染源，并明确污染源与该水域环境功能和纳污能力的关系。

（3）调查影响范围内地表水和地下水的分布、功能、水质状况、水资源利用情况及与本工程的关系。水库工程应重点调查库区水质及有关水体富营养化指标。

（4）调查水库库底清理情况及验收结论。

（二）水环境监测

（1）监测内容包括：与工程有关的水污染源达标监测、地表水环境质量监测；必要时可根据项目情况对地下水质量、底泥、水温、富营养化、气体过饱和等方面进行专项监测。

（2）地表水环境质量监测范围应包括工程主要影响区。水库工程包括：库区、库湾、敏感支流、大坝下游等；供水工程包括：引水口、输水沿线、与河渠交叉处、调蓄水体；灌溉工程包括：输水和退水水质、地下水水位和水质等。

（3）根据相关标准和工程的水环境影响特征，确定地表水水质监测项目、采样布点、监测频率、采样要求。

十九、水环境影响及措施有效性分析

应根据工程特点，明确分析内容、重点和方法。

（1）应根据污染源监测数据和水环境质量监测数据，核查环境保护措施是否满足环境影响评价文件和审批文件的要求。分析工程对实现水环境功能区水质目标的影响程度及采取措施的有效性。

（2）应根据污染源监测结果，分析污水治理措施效果和污染物达标排放情况，评估工程建设和污水排放对环境保护目标的影响程度。

（3）针对存在的问题提出具有可操作性的整改、补救措施。

二十、大气环境影响调查

（1）大气环境影响调查主要为施工期回顾影响调查，基本调查内容遵循 HJ/T394-2007《建设项目竣工环境保护验收技术规范　生态影响类》标准的相关规定，主要调查施工期的大气污染源和大气环境质量监测结果。对于运行期办公生活区安装锅炉的建设项目，调查锅炉达标排放的情况。

（2）大气环境影响及措施有效性分析。根据调查、监测结果及达标情况，分析水利工程项目环境保护措施和废气处理设施的有效性，分析存在的问题及提出的整改、补救措施的效果，分析工程对大气环境保护目标的影响。

二十一、声环境影响调查

（1）声环境影响调查主要为施工期声环境影响调查，基本调查内容遵循 HJ/T394-2007标准的相关规定，主要调查施工期的噪声源和声环境质量监测结果。

（2）声环境影响及措施有效性分析。根据监测结果，分析工程项目声环境保护措施和设施的降噪效果是否达到设计要求。声环境保护目标是否达到相应标准要求。综合分析措施的有效性，存在的问题及提出整改、补救措施的效果。

二十二、振动环境影响调查

（1）根据工程施工特点，进行振动环境影响调查。振动环境影响调查主要为施工期影响回顾调查，基本调查内容遵循 HJ/T394-2007 标准的相关规定，主要调查施工期振动监测资料。

（2）振动影响及措施有效性分析。

①分析、评估环境振动保护措施是否达到设计要求，环境保护目标是否满足工程项目环评报告批复的工区声环境执行标准的要求。

②综合分析防振、减振措施的有效性，存在的问题及提出整改、补救措施的效果。

二十三、固体废弃物影响调查

（1）核查工程建设期和运行期产生的固体废物的种类、性质、主要来源及排放量，调查影响区域环境敏感目标的分布、规模、与工程相对位置关系。

（2）调查固体废物的处置方式，危险废物处置措施和淤泥填埋区防渗措施应作为重点。

（3）调查固体废物影响的防治措施及其效果。

二十四、固体废弃物监测

（1）根据工程环境影响特点和环境敏感目标要求，选择性进行固体废物监测，危险废物监测应委托有资质的单位。

（2）重点监测固体废弃物的处置和填埋区，主要为土壤的污染监测，必要时可进行地下水水质监测；明确监测点位置、监测因子、监测频次、采样要求。

（3）统计监测结果。分析环境保护目标的达标情况，根据调查和监测结果，对环境影响评价文件中预测超标的区域，重点分析其超达标情况。

二十五、固体废物影响及措施有效性分析

（1）根据调查和监测结果，分析现有环境保护措施的有效性及存在的问题。

（2）针对存在的问题提出具有操作性的整改、补救措施及建议。

二十六、社会环境影响调查

（一）移民搬迁安置影响调查

移民搬迁安置调查内容：

①移民搬迁安置区和生产安置区的分布、环境概况、环境敏感目标与安置区的相对关系。

②移民安置人口、安置方式、安置概况；迁建企业的实际规模、迁建情况；专项设施的拆除和复建情况。

③移民搬迁安置区环境保护措施的落实及其效果。

（二）调查结果分析

（1）分析移民安置的效果，重点是安置区的环境适宜性和土地承载力调查结果分析，集中安置点的环境保护措施落实情况，迁建企业和复建专项设施的环境影响分析。

（2）分析移民安置存在或潜在的环境问题，提出整改措施及建议。

（3）移民安置专门编制环境影响报告书的项目，应对移民安置区进行专门的环境保护验收。工程竣工环境保护验收可直接引用其验收结果。

（三）文物古迹影响调查

（1）调查建设项目施工区、永久占地区及影响范围内的具有保护价值的文物古迹，明确其保护级别、保护对象、与工程的位置关系等。

（2）调查环境影响评价文件及环境影响评价审批文件中要求的环境保护措施的落

实情况。

（四）人群健康影响调查

（1）调查由于建设项目改变水文条件和自然生态引发的疾病流行情况、防治措施等，可分施工期和运行期分别进行调查。

（2）调查施工人群和移民安置区人群健康保护措施的实施情况及防治效果。

（3）调查结合工程建设进行的地方病防治措施的落实情况和效果。

二十七、环境风险事故防范及应急措施调查

（1）调查内容。根据建设项目可能存在的环境风险事故的特点及环境影响评价文件有关内容和要求确定调查内容，主要包括：

①工程施工期和运行期存在的环境风险因素调查。

②施工期和运行期环境风险事故发生的情况、原因及造成的环境影响的调查。

③工程环境风险防范措施与应急预案的制定情况，国家、地方及有关行业关于风险事故防范与应急方面相关规定的落实情况，必要的应急设施配备情况和应急队伍培训情况。

④调查工程环境风险事故防范与应急管理机构的设置情况。

（2）根据以上调查结果，评述工程现有防范措施与应急预案的有效性，针对存在的问题提出具有可操作性的改进措施建议。

二十八、环境管理及监控计划落实调查

（一）调查内容

（1）按施工准备期、施工期和运行期三个阶段分别进行调查。

（2）建设单位环境保护管理机构规章制度制定、执行情况，环境保护人员专（兼）职设置情况。

（3）建设单位环境保护相关档案资料的齐备情况。

（4）环境影响评价文件和初步设计文件中要求建设的环境保护设施的运行管理情况，环境监测计划的落实情况；建设单位对环境保护项目立项、委托及实施情况。

（5）工程施工期环境监理实施情况。

（二）调查结果分析

（1）分析建设单位环境保护设施与主体工程同时设计、同时施工和同时投产使用的"三同时"制度的执行情况。

（2）针对调查发现的问题，提出切实可行的环境管理建议和环境监测计划改进建议。

二十九、公众意见调查

（一）公众调查内容

（1）了解公众对工程施工期及运行期环境保护工作的意见，以及工程建设对影响范围内居民工作和生活的环境影响情况。

（2）调查要在公众知情的情况下开展。可采用问询、问卷调查、座谈会、媒体公示等方法，较为敏感或知名度较高的项目也可采取听证会的方式。

（3）调查对象应选择工程影响范围内的公众、有关行业主管部门和有关专家等。公众意见调查应从性别、年龄、职业、居住地、受教育程度等方面考虑覆盖社会各层次公众的意见。

（4）调查样本数量应根据实际受影响人群数量和人群分布特征，在满足代表性的前提下确定。

（5）调查内容可根据建设项目的工程特点和周围环境特征设置，包括：

①工程施工期是否发生过环境污染事件或扰民事件。

②公众对建设项目施工期、运行期存在的主要环境问题和项目对环境影响方面的看法与认识，可按生态、水、气、声、固体废物、振动等环境要素和影响因素设计问题。

③公众对建设项目施工期和运行期采取的环境保护措施效果的满意度及其他意见。

④对涉及环境敏感目标或公众环境利益的建设项目，应针对环境敏感目标或公众环境利益设计调查问题，了解其是否受到影响及影响程度。

⑤公众最关注的环境问题及希望进一步采取的环境保护措施建议。

⑥公众对建设项目环境保护工作的总体评价。

（二）调查结果分析

调查结果分析应符合下列规定：

（1）给出公众意见调查逐项分类统计结果及各类意见的数量和比例。

（2）定量分析公众对建设项目环境保护工作的认同度，以及公众对建设项目的主要意见。

（3）重点分析建设项目各时期对自然环境和社会环境的影响，有关环境保护措施实施的社会效果，公众主要意见的解决和反馈情况。

（4）结合调查结果，提出环境问题热点、难点的解决方案建议。

三十、调查结论与建议

（一）结论

（1）调查结论是全部调查工作的结论，编写时须概括和总结全部工作。

（2）结论应总结建设项目对环境影响评价文件及环境影响评价审批文件要求的落实情况。

（二）建议

（1）重点概括说明工程建成后产生的主要环境问题及现有环境保护措施的有效性，在此基础上提出改进措施和建议。

（2）根据调查和分析的结果，客观、明确地从技术角度论证工程是否符合建设项目竣工环境保护验收条件，包括：

①建议通过竣工环境保护验收。

②建议限期整改后，进行竣工环境保护验收。

参考文献

[1]水利部水土保持监测中心.水土保持工程建设监理理论与实务[M].北京：中国水利水电出版社，2008.

[2]沈英朋，杨喜顺，孙燕飞.水文与水利水电工程的规划研究[M].长春：吉林科学技术出版社，2022.

[3]余明辉.水土流失与水土保持[M].北京：中国水利水电出版社，2013.

[4]吴卿，王冬梅，李士杰.水土保持生态建设监测技术[M].郑州：黄河水利出版社，2009.

[5]唐克旺，王研，龚家国，等.水生态系统保护与修复标准体系研究[M].北京：中国水利水电出版社，2013.

[6]文俊.水土保持学[M].北京：中国水利水电出版社，2010.

[7]吴发启.水土保持技术[M].北京：中国广播电视大学出版社，2008.

[8]刘勇.建设工程监理概论：水利工程[M].北京：中国水利水电出版社，2022.

[9]白洪鸣，王彦奇，何贤武.水利工程管理与节水灌溉[M].北京：中国石化出版社，2022.

[10]陈功磊，张蕾，王善慈.水利工程运行安全管理[M].长春：吉林科学技术出版社，2022.

[11]王科新，李玉仲，史秀惠.水利工程施工技术的应用探究[M].长春：吉林科学技术出版社，2022.

[12]李华春，朱立柱.水利工程质量与安全监督探索[M].长春：吉林科学技术出版社，2022.

[13]汪良军.大型水利枢纽工程施工栈桥设计与施工[J].广西水利水电，2023（05）：98-100+122.

[14]丁玉莲.网格化管理在莫莫克水利枢纽工程建设中的应用[J].建筑与装饰，2022（06）：76-78.

[15]杜丽雯，温旋，孔德博.大型水利枢纽工程坝型数字化测绘技术与应用[J].水利规划与设计，2023（02）：85-89.

[16]姚强.水利枢纽工程建设与管理的主要工作及成效[J].中国科技期刊数据库工业A，2022（09）：72-74.

[17]朱长富，等.大型水利枢纽工程建设智慧监督系统研发与实践水利电力[M].郑州：黄河水利出版社，2022.

[18]赵子龙.水文与水资源管理在水利工程中的应用[J].水电水利，2023，7（03）：49-51.

[19]梁成勇.水土保持工作在水利工程建设中的运用分析[J].中国科技期刊数据库工业A，2023（02）：126-129.

[20]张晓芳.水利工程中的水文水资源管理应用分析[J].农业开发与装备，2023（07）：124-126.

[21]张亚杰.水利工程项目实施全过程造价管理与控制探析[J].内蒙古水利，2023（07）：71-72.

[22]周小军.水利工程施工组织设计的优化策略探析[J].中文科技期刊数据库（文摘版）工程技术，2022（02）：88-90.

[23]王家静.浅析水利工程施工组织设计对工程造价的影响[J].现代物业：中旬刊，2022（05）：58-60.

[24]王守增，王龙.水利工程施工组织设计对工程造价的影响研究[J].工程技术发展，2022，3（04）：170-173.

[25]任海民.水利工程施工管理与组织研究项目管理[M].北京：北京工业大学出版社，2023.

[26]侯凤光.探析水利工程建设中的水土保持设计[J].中文科技期刊数据库（全文版）工程技术，2022（04）：4-11.

[27]张琴凤.水利工程施工组织设计对工程造价的影响研究[J].中文科技期刊数据库（全文版）工程技术，2022（08）：95-98.

[28]张海.水利工程建设中的水土保持及其可持续发展[J].中文科技期刊数据库（全文版）工程技术，2022（05）：57-60.

[29]赵星.水利水电工程施工组织设计理论问题研究[J].中文科技期刊数据库（全文版）工程技术，2022（12）：97-99.

[30]周奕梅.水利工程规划设计中的环境影响评价[J].水利规划与设计，2002（03）：50-52.

[31]袁琪，张宇晶，李蕴.关于水利工程规划设计中的环境影响评价[J].生态环境与保护，2023，6（04）：69-71.

[32]黄威.水利工程规划设计与农田灌溉技术浅谈[J].中文科技期刊数据库（引文版）工程技术，2022（07）：97-100.

[33]周志荣.农田水利工程灌溉规划设计分析[J].四川农业科技，2023（07）：110-112.

[34]李萍.农村水利工程施工中的水土流失与水利工程建设措施[J].工程建设（维泽科技），2023，6（01）：159-161.

[35]伍少三.探析水利工程建设的水土保持设计[J].建筑发展，2022，6（04）：47-49.

[36]张胜利，吴祥云.水土保持工程学[M].北京：科学出版社，2012.

[37]朱爱如.峡江水利枢纽工程标准化管理创建与实践[J].水利建设与管理，2023，43（07）：65-71.

[38]李彬桂.基于水土保持理念的水利水电工程设计[J].中国科技期刊数据库工业 A，2022（11）：78-81.

[39]吴元章.水利建设工程水土保持在线监测方法[J].水上安全，2023（10）：37-39.

[40]李穆天.水文水资源管理在水利工程中的应用[J].中文科技期刊数据库（全文版）工程技术，2022（5）：3-4.

[41]胡佳强.农田水利建设对水土保持与生态环境的影响及对策[J].中文科技期刊数据库（文摘版）工程技术，2022（11）：3-15.

[42]舒宗慧.探究水利工程建设中的水土保持与可持续发展[J].中文科技期刊数据库（全文版）工程技术，2022（09）：129-132.

[43]孙吉.水利工程建设中的水土保持设计思考[J].科技资讯，2022，20（17）：142-144.

[44]陈辉，梁维军.水土保持工作在水利工程建设中的应用[J].中文科技期刊数据库（全文版）工程技术，2022（02）：4-8.

[45]张昕川，徐霞.水利工程水土保持专项监理工作实践与探讨：以亭子口水利枢纽工程为例[J].水利水电快报，2022，43（12）：99-104.

[46]杨桂红.水土保持监测与水生态文明建设[J].中文科技期刊数据库（文摘版）工程技术，2022（11）：158-160.